Elke Puchtler

Lavendelschätze

Gedruckt auf
100% Recyclingpapier

Elke Puchtler

Lavendelschätze

Von Pflanzen, Düften und Menschen

Gartenpraxis, Heilkraft, Entspannung, Rezepte

pala verlag

Sicherheit

Die Rezepte in diesem Buch ersetzen bei ernsthaften Erkrankungen nicht den Besuch bei einem Arzt oder Heilpraktiker! Die wiedergegebenen Informationen und Rezepte wurden von der Autorin und vom Verlag nach bestem Wissen und Gewissen geprüft und auch erprobt. Autorin und Verlag übernehmen keine Haftung für Schäden, die sich aus dem Gebrauch der hier angegebenen Informationen ergeben. Im Falle einer Schwangerschaft und bei bestehenden Erkrankungen klären Sie bitte fachlich ab, ob etwas gegen eine Anwendung spricht. Die Rezepte in diesem Buch sind – wenn nicht anders angegeben – für Erwachsene ausgelegt. Kinder benötigen eine andere Dosierung und manchmal auch andere Mischungen.

Wichtige Abkürzungen im Rezeptteil

EL	Esslöffel, gestrichen gefüllt
TL	Teelöffel, gestrichen gefüllt
Msp	Messerspitze
g	Gramm
ml	Milliliter
l	Liter

Inhalt

Begegnung mit einem pflanzlichen Schutzengel

Es begann in einem Sommer in Schottland

Ich hatte mich entschlossen, ein internationales Kräuterseminar im Seminarzentrum von Findhorn zu besuchen. Die »Findhorn Community«, im Norden Schottlands gelegen, hatte meine Neugierde als Biologin und als Mensch geweckt. Besonders der Garten von Findhorn, erstmals angelegt in meinem Geburtsjahr 1963, übte eine magische Anziehung auf mich aus: ein ökologischer Garten, aufgebaut aus dem »Nichts« des Sandes nahe dem Meer an einem Campingplatz. Die drei Gründer Eileen Caddy, Peter Caddy und Dorothy Maclean waren keine Biologen oder Gartenexperten. Meditation, Intuition und Kommunikation mit Pflanzen und mit der Natur standen beim Aufbau des Gartens im Vordergrund. Schon nach kurzer Zeit erregte das Projekt das Aufsehen der Fachwelt, da Blumen, Obst und Gemüse ungewöhnlich üppig gediehen, obwohl keine Spritzmittel oder synthetischen Düngemittel eingesetzt wurden. Nahezu 40 Pfund schwere Kohlköpfe! Die Neugierde der Wissenschaftler war geweckt. Bodenanalysen folgten. Doch die wissenschaftlichen Ergebnisse lieferten keine Erklärung für das Phänomen. Einen derartigen Garten musste ich unbedingt kennenlernen!

Begegnung mit einem ungewöhnlichen Ort

Als ich Findhorn im Juli 2010 besuchte, war es herausgewachsen aus den Anfängen. Ein stattliches Seminarzentrum hatte sich entwickelt, mit Teilnehmerinnen und Teilnehmern aus der ganzen Welt, die ihre Gedanken, Ideen und Visionen austauschten. Eingebettet in ökologisch geführte Gärten, war ein Zentrum für nachhaltige Lebensweise entstanden, umgeben von liebevoll bis ins Detail gestalteten Wegen, Gebäuden, kleinen Kunstwerken und Gartenanlagen. Für mich war es Liebe auf den ersten Blick. Die Menschen, die mir begegneten, hatten ein freundliches Lächeln auf den Lippen – kurz gesagt: Ich fühlte mich rundum wohl. In meinem Kurs »Herbal Allies«, übersetzt »pflanzliche Verbündete« oder vielleicht noch besser »Pflanzengefährten«, trafen sich Heilkräuterfreunde aus nahezu allen Kontinenten. Ich war gespannt!

Bild links oben: Das »Natural Sanctuary« im Findhorn Park lädt zu Taizé- und Naturmeditation ein.
unten: Mein Pflanzengefährte, der Lavendel, Cullerne Gardens, Findhorn, 2010

Auf der Suche nach meinem Pflanzengefährten

Die erste Aufgabe, die meine hawaiianische Lehrerin mir stellte, war die Wahl meines Pflanzengefährten. Er sollte mich während des gesamten Kurses begleiten und Teil einer besonderen Erfahrung für mich werden. Keine Bücher lesen oder Literatur im Internet sammeln, wie ich es aus meiner wissenschaftlichen Arbeit gewohnt war. Nein! Die Aufgabe bestand darin, meine Beobachtungen, Wahrnehmungen, Gedanken und Experimente rund um meine Pflanze aufzuzeichnen, zu meditieren und meine Ergebnisse festzuhalten.

Auf dieses Experiment war ich besonders neugierig. Mein Pflanzengefährte wollte gut gewählt sein! Wie viel konnte ich auf diesem Weg wohl über eine Pflanze erfahren? Das war völliges Neuland für mich. Mein erster Gedanke galt meinem geliebten Lavendel. Doch über ihn wusste ich schon so viel. Was könnte ein derartiges Experiment noch bringen? Nein, am besten erschien mir eine Pflanze, die ich noch nicht kannte.

Am Abend des Tages hatte ich durch zahlreiche interessante Begegnungen und Erfahrungen meine Aufgabe komplett vergessen. Die Entscheidung für meinen Weggefährten stand an. Was sollte ich tun? Da fiel mein Blick auf das Kraut zu meinen Füßen in unserer Runde: Es war ein kraftvoll blühender Lavendelstrauch. Und wie von Zauberhand lösten sich aus meinem Mund die Worte: »Mein Pflanzengefährte ist der Lavendel.«

Mein pflanzlicher Schutzengel

Da war es heraus, völlig gegen meinen ursprünglichen Plan. Ein Zurück gab es nicht mehr. Was konnte mir eine Pflanze, über die ich so viel wusste, »nur« durch Beobachtung, Wahrnehmung und Meditation Neues erzählen? Der Lavendel hatte mich herausgefordert. So viel kann ich Ihnen verraten: Es war der Beginn einer ganz besonderen Reise für mich, die noch weit über das Seminar von Findhorn hinaus ihre Fortsetzung fand.

Heute ist der Lavendel ein ganz besonderer Freund für mich. Ich schätze ihn sehr, als Gestaltungselement im Garten, als Pflanze für Bienen und Schmetterlinge, ich liebe seinen Duft beim Gärtnern, ich experimentiere in der Küche mit ihm und ich schätze seine heilende Wirkung. Ja, man könnte fast sagen, der Lavendel ist ein wahrer pflanzlicher Schutzengel für mich, für meine Familie und auch in meiner Naturheilpraxis geworden.

Ich lade Sie ein zu einer Reise in die Welt des Lavendels

Mit meinem Buch lade ich Sie ein in die fantastische Welt der violetten Blume Lavendel.

Im ersten Teil finden Sie bewährte Praxistipps rund um Anbau und Pflege Ihres Lavendels am Balkon und im Garten. Ich stelle Ihnen Ideen für die Weggestaltung und für Ihren Lieblingssitzplatz sowie bewährte Pflanzkombinationen vor. Sie lernen Lavendel als Gestaltungselement für Ihren naturnahen Garten, für einen Garten der Sinne, in der Kräuterspirale oder im Lavendel-Labyrinth kennen. Ich nehme Sie mit auf meine Reise in die Heimat des Lavendels, zu kleinen Bio-Aromafarmen der Hochprovence in Frankreich. Gemeinsam besuchen wir visionäre Lavendelprojekte in Deutschland und in den Niederlanden. Angesichts des Klimawandels gehen wir der spannenden Frage nach: Hat Deutschland das Potential für eine Provence der Zukunft?

Im zweiten Teil lernen Sie die Kraft des Lavendels als »Meister der Entspannung« in einem Teeritual kennen. Mit 50 vegetarischen Rezeptideen lade ich Sie ein, in der Aroma- und Genießerküche mit Lavendel zu experimentieren. »Kochen, gesund und lecker« ist hier das Motto. Denn bereits Hippokrates wusste: »Eure Nahrungsmittel sollen eure Heilmittel sein und eure Heilmittel sollen eure Nahrungsmittel sein.«

Die Heilkraft des Lavendels ist Mittelpunkt des dritten Teils meines Buches – das »magische Dreieck der Aromatherapie«, wichtiges Praxiswissen, duftende und pflegende Rezepte für Ihre Kosmetik und heilsame Rezepturen für Ihre Gesundheit.

Ich lade Sie ein in meine Welt: Lassen Sie sich entführen in die Gartenwelten des Lavendels, verwöhnen Sie sich und Ihre Lieben mit Rezepten aus der aromatisch duftenden Lavendelküche. Entdecken Sie die Kraft des Lavendels für Ihre Gesundheit. Oder ... vielleicht suchen Sie sich auch Ihren eigenen Weggefährten für Ihre ganz persönliche Reise mit Ihrem Pflanzenverbündeten.

Kleine Lavendelbotanik

Heute sind fast 40 Lavendelarten innerhalb der Gattung Lavendel *(Lavandula)* bekannt. Darüber hinaus gibt es eine Vielzahl an Sorten und Hybriden. Alle zählen zur großen Familie der Lippenblütler *(Lamiaceae)*. Sie wachsen als kleine, immergrüne Halbsträucher und lieben die Sonne. Ihre Blüten bilden Scheinähren in unterschiedlichen Farben von Weiß über Rosa und Hellblau bis hin zu Amethyst und Magenta. Charakteristisch ist die Bildung ätherischer Öle, die wir an Stängeln, Blättern und Blütenkelchen wiederfinden. Die vier bekanntesten Vertreter möchte ich hier vorstellen.

Echter Lavendel, Schmalblättriger Lavendel

- Botanische Namen: *Lavandula officinalis, Lavandula angustifolia, Lavandula vera*
- Andere Namen: kleiner Speik, Narde, Zöpfli, Zitterblümchen, Schwindelkraut, Hirnkraut
- Entstehung: Wildform »Berglavendel«
- Größe: 30–60 cm
- Eigenschaften: wärmeliebend, empfindlich gegenüber Staunässe, winterhart bis minus 23 °C, selten bis minus 28 °C
- Blüte: blauviolette Blüten in Scheinähren angeordnet. Sorten von *Lavandula angustifolia* in Blütenfarben von Weiß über Rosa bis hin zu Blauviolett und Amethyst
- Blütezeit: Juni bis September
- Vermehrung: Samen, Stecklinge
- Standort: sonnig, kalkhaltige, durchlässige, steinige Böden, natürliche Vorkommen: mediterrane Bergpflanze in 700–1800 m Höhe
- Duft: blumig, krautig mit balsamisch holzigem Unterton
- Verwendung: Gartengestaltung, Parfum, Haushalt, beliebtes Gewürz in der mediterranen und englischen Küche
- Heilkunde: Lavendel ist ein bewährtes Volksheilmittel vor allem in England und Frankreich. Als Universalheilmittel darf er in keiner Hausapotheke fehlen. Die Heilkunde nutzt die Blüten des Echten Lavendels als Teedroge und in der Tinktur, im Kräuterwein und Kräuteressig. Das Lavendelhydrolat *(aqua lavandulae officinalis,* Lavendelwasser) ist der sanfte Einstieg in die Aromatherapie mit Lavendel. Für das ätherische Öl sind sowohl in der Volksheilkunde als auch in der wissenschaftlich belegten Naturheilkunde zahlreiche Anwendungen beschrieben (mehr dazu ab Seite 145). Hervorzuheben ist die entspannende Wirkung bei Schlaflosigkeit und Stress.
- Vorsicht: Bei Babys, Kleinkindern und Schwangeren ist bei Anwendung des ätherischen Öls Vorsicht geboten. Hier müssen fachgerechte Verdünnungen unbedingt beachtet werden.

Bild links: Sanft und kraftvoll leuchtet mir das zarte Blau der Knospen des heilenden Lavendels entgegen *(Lavandula officinalis)*. Bald öffnen sich die Blüten und die Heilkraft ist voll entfaltet.

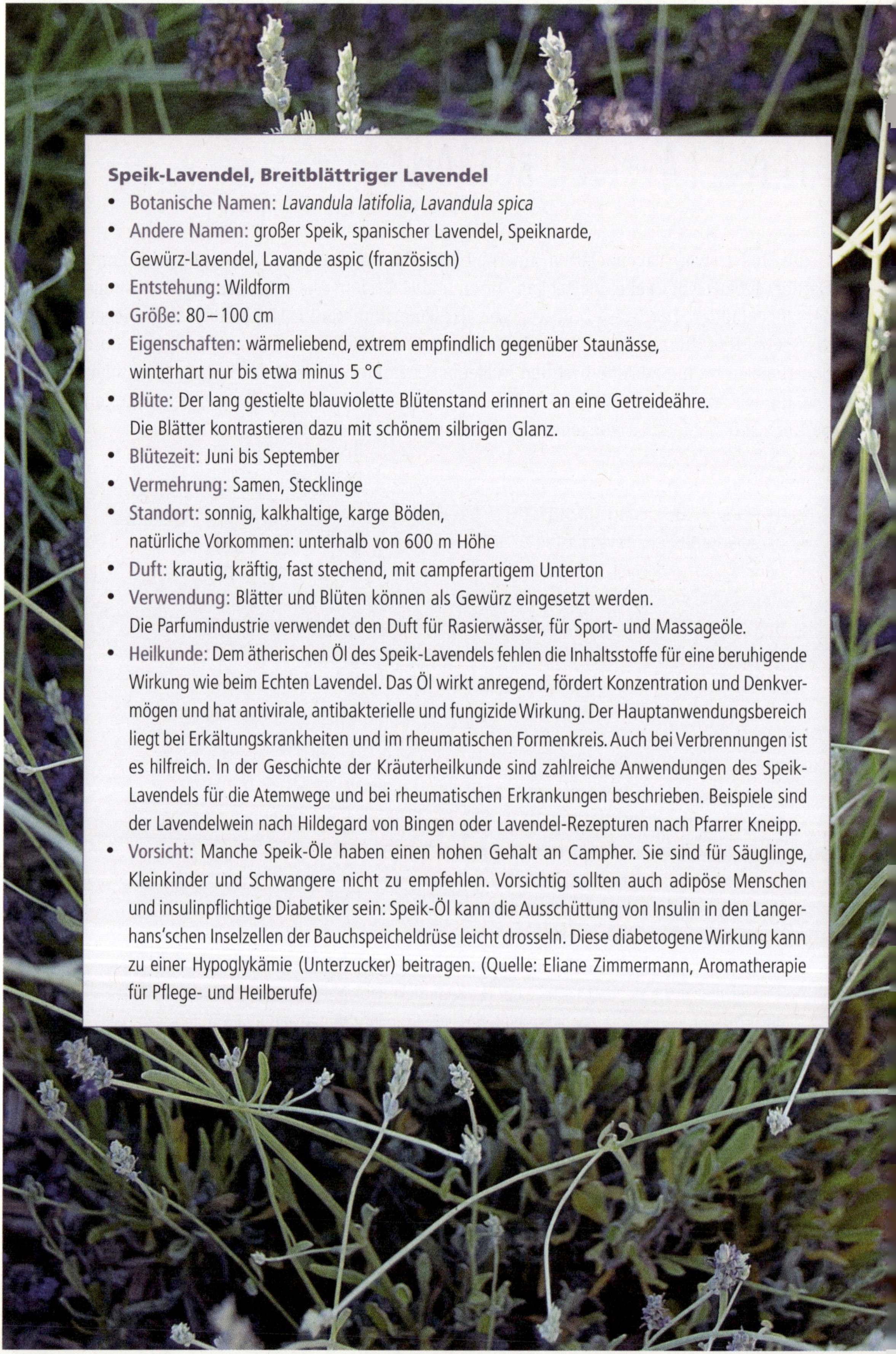

Speik-Lavendel, Breitblättriger Lavendel

- Botanische Namen: *Lavandula latifolia, Lavandula spica*
- Andere Namen: großer Speik, spanischer Lavendel, Speiknarde, Gewürz-Lavendel, Lavande aspic (französisch)
- Entstehung: Wildform
- Größe: 80 – 100 cm
- Eigenschaften: wärmeliebend, extrem empfindlich gegenüber Staunässe, winterhart nur bis etwa minus 5 °C
- Blüte: Der lang gestielte blauviolette Blütenstand erinnert an eine Getreideähre. Die Blätter kontrastieren dazu mit schönem silbrigen Glanz.
- Blütezeit: Juni bis September
- Vermehrung: Samen, Stecklinge
- Standort: sonnig, kalkhaltige, karge Böden, natürliche Vorkommen: unterhalb von 600 m Höhe
- Duft: krautig, kräftig, fast stechend, mit campferartigem Unterton
- Verwendung: Blätter und Blüten können als Gewürz eingesetzt werden. Die Parfumindustrie verwendet den Duft für Rasierwässer, für Sport- und Massageöle.
- Heilkunde: Dem ätherischen Öl des Speik-Lavendels fehlen die Inhaltsstoffe für eine beruhigende Wirkung wie beim Echten Lavendel. Das Öl wirkt anregend, fördert Konzentration und Denkvermögen und hat antivirale, antibakterielle und fungizide Wirkung. Der Hauptanwendungsbereich liegt bei Erkältungskrankheiten und im rheumatischen Formenkreis. Auch bei Verbrennungen ist es hilfreich. In der Geschichte der Kräuterheilkunde sind zahlreiche Anwendungen des Speik-Lavendels für die Atemwege und bei rheumatischen Erkrankungen beschrieben. Beispiele sind der Lavendelwein nach Hildegard von Bingen oder Lavendel-Rezepturen nach Pfarrer Kneipp.
- Vorsicht: Manche Speik-Öle haben einen hohen Gehalt an Campher. Sie sind für Säuglinge, Kleinkinder und Schwangere nicht zu empfehlen. Vorsichtig sollten auch adipöse Menschen und insulinpflichtige Diabetiker sein: Speik-Öl kann die Ausschüttung von Insulin in den Langerhans'schen Inselzellen der Bauchspeicheldrüse leicht drosseln. Diese diabetogene Wirkung kann zu einer Hypoglykämie (Unterzucker) beitragen. (Quelle: Eliane Zimmermann, Aromatherapie für Pflege- und Heilberufe)

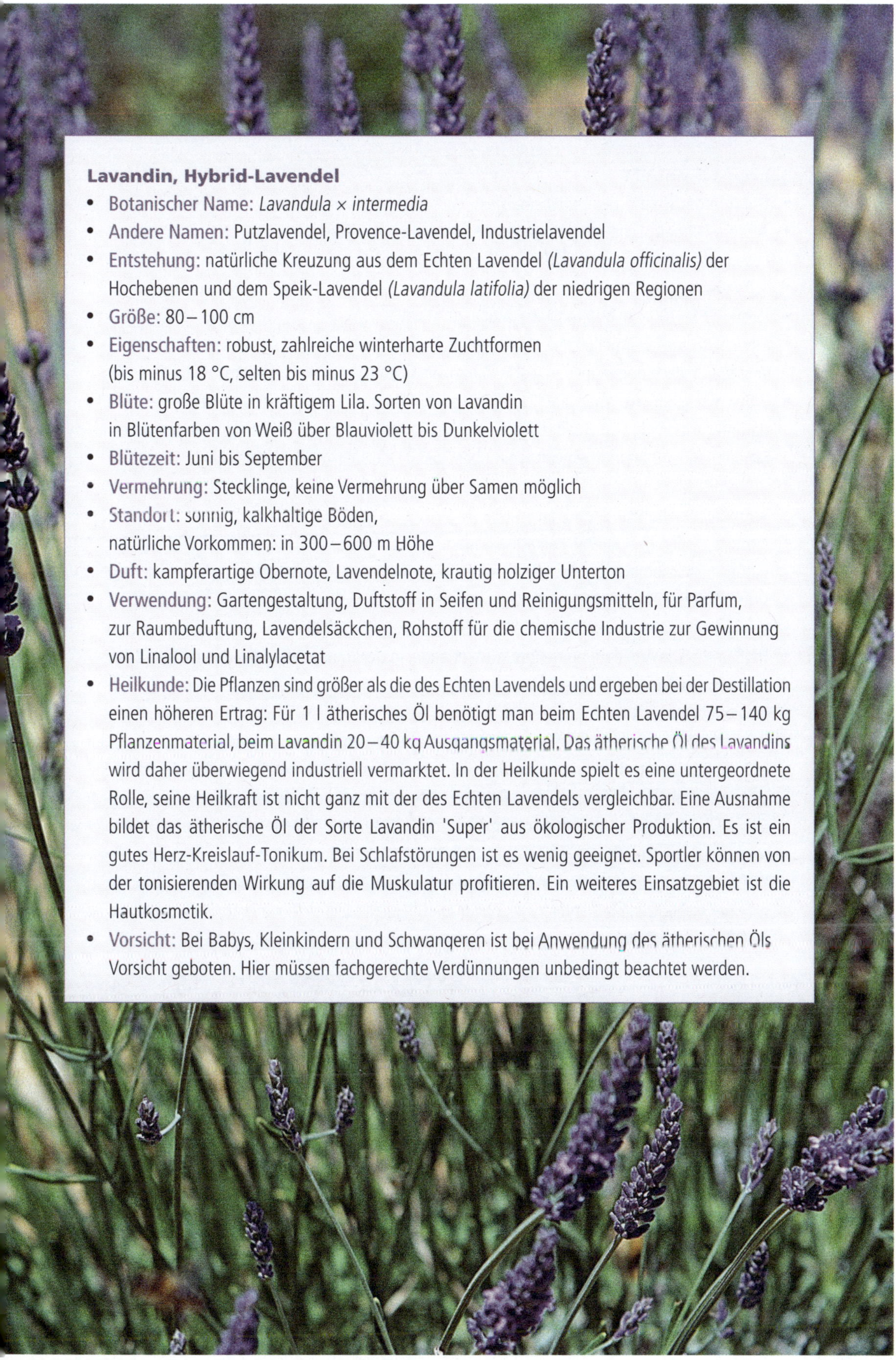

Lavandin, Hybrid-Lavendel

- Botanischer Name: *Lavandula × intermedia*
- Andere Namen: Putzlavendel, Provence-Lavendel, Industrielavendel
- Entstehung: natürliche Kreuzung aus dem Echten Lavendel *(Lavandula officinalis)* der Hochebenen und dem Speik-Lavendel *(Lavandula latifolia)* der niedrigen Regionen
- Größe: 80 – 100 cm
- Eigenschaften: robust, zahlreiche winterharte Zuchtformen (bis minus 18 °C, selten bis minus 23 °C)
- Blüte: große Blüte in kräftigem Lila. Sorten von Lavandin in Blütenfarben von Weiß über Blauviolett bis Dunkelviolett
- Blütezeit: Juni bis September
- Vermehrung: Stecklinge, keine Vermehrung über Samen möglich
- Standort: sonnig, kalkhaltige Böden, natürliche Vorkommen: in 300 – 600 m Höhe
- Duft: kampferartige Obernote, Lavendelnote, krautig holziger Unterton
- Verwendung: Gartengestaltung, Duftstoff in Seifen und Reinigungsmitteln, für Parfum, zur Raumbeduftung, Lavendelsäckchen, Rohstoff für die chemische Industrie zur Gewinnung von Linalool und Linalylacetat
- Heilkunde: Die Pflanzen sind größer als die des Echten Lavendels und ergeben bei der Destillation einen höheren Ertrag: Für 1 l ätherisches Öl benötigt man beim Echten Lavendel 75 – 140 kg Pflanzenmaterial, beim Lavandin 20 – 40 kg Ausgangsmaterial. Das ätherische Öl des Lavandins wird daher überwiegend industriell vermarktet. In der Heilkunde spielt es eine untergeordnete Rolle, seine Heilkraft ist nicht ganz mit der des Echten Lavendels vergleichbar. Eine Ausnahme bildet das ätherische Öl der Sorte Lavandin 'Super' aus ökologischer Produktion. Es ist ein gutes Herz-Kreislauf-Tonikum. Bei Schlafstörungen ist es wenig geeignet. Sportler können von der tonisierenden Wirkung auf die Muskulatur profitieren. Ein weiteres Einsatzgebiet ist die Hautkosmetik.
- Vorsicht: Bei Babys, Kleinkindern und Schwangeren ist bei Anwendung des ätherischen Öls Vorsicht geboten. Hier müssen fachgerechte Verdünnungen unbedingt beachtet werden.

Schopf-Lavendel

- Botanischer Name: *Lavandula stoechas*
- Andere Namen: Schmetterlingslavendel, arabischer Lavendel, Lavande maritime (französisch)
- Entstehung: Wildform
- Größe: 30 – 100 cm, buschig verzweigt
- Eigenschaften: wärmeliebend, hitzetolerant, sehr empfindlich gegenüber zu viel Feuchtigkeit, winterhart nur bis etwa minus 5 °C
- Blüte: Ein Schopf violetter, länglich eiförmiger Hochblätter krönt den Blütenstand, die Blüten darunter bilden eine im Querschnitt viereckige Scheinähre, der Blütenschopf erinnert an einen Schmetterling. Blütenfarben von Weiß über Rosa-Lila bis hin zu Purpurviolett.
- Blütezeit: März bis Juni
- Vermehrung: Samen, Stecklinge
- Standort: sonnig, trockene, kalkarme Böden, natürliche Vorkommen: im Mittelmeerraum in der Nähe des Meeres oder am Fuße der Berge
- Duft: kräftig, fast stechend
- Verwendung: wegen mangelnder Winterhärte meist in Topfkultur
- Heilkunde: Die Anwendung gehört in Fachhände. In der Therapie hat das ätherische Öl bei Asthma und Bronchitis seinen Wirkungsschwerpunkt. Wichtig: korrekt dosieren und Kontraindikationen beachten!
- Vorsicht: Das ätherische Öl ist reich an Monoterpenketonen (bis zu 80 %). Diese Ketone können in zu hoher Dosierung Krämpfe auslösen, Wehen fördern, neurotoxisch oder Leber schädigend wirken. Für Kinder, Schwangere, Epileptiker, sehr sensible und ältere Personen empfehle ich dieses Öl daher nicht. Vorsichtig sollten auch adipöse Menschen und insulinpflichtige Diabetiker sein: Das ätherische Öl des Schopf-Lavendels kann die Ausschüttung von Insulin in den Langerhans'schen Inselzellen der Bauchspeicheldrüse leicht drosseln. Diese diabetogene Wirkung kann zu einer Hypoglykämie (Unterzucker) beitragen. (Quelle: Eliane Zimmermann, Aromatherapie für Pflege- und Heilberufe)

Garten(t)räume – Lavendelgarten

Visionen für ein kleines Paradies

Kennen Sie das? Zurück von meinem Seminar in Findhorn, geprägt von inspirierenden Begegnungen und neuen Erfahrungen, sprudelten die Ideen nur so in meinem Kopf. Vorsätze für ein besseres Stressmanagement waren gefasst. Ich kam nach Hause mit der Vision, einen alten Familiengarten in einen Naturgarten umzuwandeln. Ein kleines Paradies sollte entstehen, mit Naschobst, mit Pflanzen für Bienen und Schmetterlinge und natürlich auch mit zahlreichen Kräutern – kurz gesagt: eine Oase für Mensch und Natur. Ein Duft- und Aromagarten, ein Garten für alle Sinne sollte es werden. Ein Ort zum Entspannen, eine Nische für die so wichtigen Auszeiten im Leben, ein Gegenpol zum geschäftigen Treiben des Alltags zwischen Beruf, Familie und unterschiedlichsten Verpflichtungen. Welche Pflanze könnte da besser in mein Gärtlein passen als mein frisch erkorener Pflanzenverbündeter, der Lavendel? Die Kräuterspirale hatte es mir dabei als Gestaltungselement besonders angetan (siehe auch Seite 30).

Es war Liebe auf den ersten Blick! Die Kräuterspirale ist ein dreidimensionales Beet in Form einer Spirale. Dieses Raumwunder bietet auf kleinster Fläche Platz für zahlreiche Pflanzen mit unterschiedlichen Standortansprüchen. Die Form des spiralförmigen Beetes wird meist durch eine Trockenmauer gestaltet. Im Süden ist ein kleiner Teich vorgelagert.

Spiralen gelten als Symbol für den Weg nach innen oder für den Weg des Herzens. Bereits alte Hochkulturen schätzten sie als Sinnbild für das Leben und als Symbol für die Schöpfung.

Die Kräuterspirale ist auch das wohl bekannteste Gestaltungselement im Permakulturgarten. Die Idee der Permakultur (von »permanent agriculture«) beruht auf der genauen Beobachtung der Natur. Ziel ist es, dauerhafte ökologische Kreisläufe zu schaffen, die sich selbst aufrechterhalten. Wer dann noch ökologisch gärtnert, pflanzt Gesundheit pur. Denn die Kräuter, die auf der Spirale wachsen, wollen wir essen, wollen wir genießen. Wir wollen wunderbare Schätze für Wellness und Kosmetik daraus bereiten und unserem Körper und unserer Seele etwas Gutes tun. Beginnt die Kräuterspirale zu blühen, stellen sich in Kürze weitere Gäste des Naturgartens ein. Duft und Nektar der Blüten ziehen Honigbienen, Wildbienen und Schmetterlinge magisch an. Eine kleine Naturoase ist entstanden.

Für meinen Pflanzenfreund, den Lavendel, ist die Kräuterspirale ein perfekter Standort. Unser Gartenprojekt begann also mit einer Kräuterspirale im Zentrum des Gartens. Ein Symbol für Leben und Schöpfung erschien uns passend für die Geburt eines Naturgartens. Sind Sie neugierig geworden? Dann wird es jetzt Zeit, sich eingehender mit dem Lavendel zu befassen.

Farbgestaltung im Lavendelgarten

Art oder Sorte	Blütenfarbe Höhe	Eigenschaften	besondere Eignung Besonderheiten
Schmalblättriger Lavendel, Echter Lavendel			
Lavandula angustifolia 'Alba'	weiß 60 cm	winterhart, ausdauernd	weißer Garten, Farbkombinationen
Lavandula angustifolia 'Nana Alba'	weiß 25–35 cm	eine der kleinsten weißen Sorten mit hervorragender Winterhärte	sehr niedrige Dufthecken, niedrige Beeteinfassungen, weißer Garten
Lavandula angustifolia 'Hidcote Pink'	hellrosa 50 cm	starker Duft, Pendant zu Lavandula angustifolia 'Hidcote Blue'	guter Kontrast zu blauem und violettem Lavendel, Dufthecken, Rosenbegleiter
Lavandula angustifolia 'Little Lottie'	zartrosa 30 cm	gute Kombination mit Lavandula angustifolia 'Blue Cushion'	gute Eignung für Balkonkästen
Lavandula angustifolia 'Miss Katherine'	rosa 60–70 cm	der »Stärkste« unter den Rosablühern	wunderschön in Pflanzkombinationen und mit Weiß
Lavandula angustifolia 'Rosea'	rosa 50 cm	kompakter Wuchs	schön in Pflanzkombinationen mit blauem Lavendel
Lavandula angustifolia, Lavandula officinalis, Echter Lavendel	violett 40–60 cm	Wildform, feiner Duft, Heilpflanze	Heilanwendungen
Lavandula angustifolia 'Blue Cushion'	leuchtend blau 30 cm	»blue cushion«, blaues Kissen, eine der kompaktesten Sorten überhaupt	Topfhaltung, sehr niedrige Dufthecken, bildet dichte Kissen
Lavandula angustifolia 'Blue Ice'	eisblau 40–50 cm	ungewöhnliche eisblaue Farbvariante	reizvoll in Kombination mit Rosa und Weiß
Lavandula angustifolia 'Folgate'	hellblau 50–60 cm	blüht als erster Lavendel im Jahr bereits im Juni	Blüten hoch aufragend, schön im Beethintergrund
Lavandula angustifolia 'Hidcote Blue'	dunkelviolett 40–50 cm	intensive Farbe, kompakter Duft	niedrige Dufthecken, Kräuterspirale, bleibt beim Trocknen gut am Stängel, Lavendelküche
Lavandula angustifolia 'Lumière des Alpes'	blauviolett in tiefblauen Kelchen 60–70 cm	besonders robust, fantastische Blütenfarbe	
Lavandula angustifolia 'Munstead'	violett 40–50 cm	englischer Gartenlavendel	Klassiker, traditionell in Grünanlagen
Lavandula angustifolia 'Reve de Jean Claude'	pastellviolett 70 cm	Aroma-Auslese, intensives Dufterlebnis	hervorragendes Aroma

Lavandula angustifolia 'Siesta'	dunkelviolettblau 30–50 cm	für raue Lagen, robust	Flächenpflanzung, Lavendelküche
Lavandula angustifolia 'Two Seasons'	hellviolett 50–60 cm	zweite Herbstblüte	

Lavandin, Hybrid-Lavendel

Lavandula × intermedia 'Alba'	weiß 100 cm	weiß blühender, typischer Lavandin	weißer Garten, Farbkombination mit anderen Lavandinsorten
Lavandula × intermedia 'Edelweiß'	weiß 70–80 cm	elegante Blütenstände in strahlendem Weiß, graues Laub	weißer Garten, Farbkombinationen, Duftkränze
Lavandula × intermedia 'Arabian Nights'	dunkelviolettblau 70–90 cm	besonders lange Stiele, kräftiger Rückschnitt verhindert Verkahlung	lange und späte Blütezeit im Juli und August, leichter Winterschutz durch Reisig empfehlenswert
Lavandula × intermedia 'Fragrant Memories'	blauviolett 70–80 cm	sagenhafter Duft	kräftiger Rückschnitt verhindert Verkahlung
Lavandula × intermedia 'Grosso'	dunkelviolett 100 cm	besonders schöne, lange Blüten	benannt nach dem berühmten Lavendelbauer Pierre Grosso

Eingeschränkte Winterhärte

Lavandula chaytorae 'Richard Gray'	tiefviolett 50–80 cm	silbriges Laub, starker Duft, wollige Blätter, empfindlich gegen Nässe	lässt sich gut trocknen, Duftsträuße, Duft-Potpourris, Winterschutz nur bei starken Frösten nötig
Lavandula latifolia, Speik-Lavendel, Breitblättriger Lavendel	violett 50–90 cm	Wildform, campferartiger Duft, silbriges Blatt	Kübel über 10 l Größe, gute Pflanzkombination zu rotlaubigen Fetthennen, leichter Winterschutz nötig
Lavandula stoechas 'Papillon', Schopf-Lavendel 'Papillon'	purpurrosa 70 cm	kein zimtiges Aroma wie bei den weniger frostfesten Schopf-Lavendelsorten	relativ frostfest für einen Schopf-Lavendel

Nicht winterharte Besonderheiten

Lavandula dentata, Grüner Zahn-Lavendel, Französischer Lavendel	violett, rosa, weiß 20–100 cm	charakteristische Zähnung der Blätter	nicht winterhart, frostfreie Überwinterung
Lavandula lanata, Wolliger Lavendel, Silberblatt	purpur-violett 50–75 cm	Blätter mit weißen, wolligen Haaren überzogen, silbrig	nicht winterhart, ausreichender Frostschutz oder frostfreie Überwinterung
Lavandula pinnata, Kanarischer Lavendel	azurblau 50–70 cm	dauerhaft blühend, unermüdlich, aber extrem kälteempfindlich	nicht winterhart, frostfreie Überwinterung

Die Leichtigkeit des Seins: Lavendel im Garten der Entspannung

Lavendelsorten für Ihren Garten und Balkon

Haben Sie bei einem Spaziergang zu Hause schon einmal bewusst wahrgenommen, ob und wo Ihnen der Lavendel in Ihrer Umgebung begegnet? Vielleicht wächst er bereits auf Ihrem Balkon, in Ihrem Vorgarten oder in der benachbarten Grünanlage.

Der Lavendel zählt mittlerweile bei uns zu den beliebtesten Gartenpflanzen. Seine ursprüngliche Heimat ist der Mittelmeerraum. So holen wir uns mit ihm auch einen Hauch mediterranes Feeling und eine Erinnerung an unsere Urlaubsträume nach Hause in unseren Alltag.

Die violettfarbige, duftende Schönheit macht in der Staudenrabatte ebenso eine gute Figur wie in der Kräuterhecke entlang des Weges. Sie darf in keinem Aromagarten fehlen und ist auch aus dem Küchengarten und Heilkräutergarten nicht wegzudenken. Die Gärtnereien verwöhnen uns im Sommer mit einer Lavendelvielfalt unterschiedlichster Arten und Sorten, Farben und Formen. Die Farbpalette reicht von Weiß über Zartrosa und sanftes Violett bis hin zu kraftvollem Lila. Ob kleine, kompakte oder hohe, wüchsige Sorten – es bleiben keine Gartenwünsche offen. Eine Auswahl überwiegend winterharter Lavendelschätze stelle ich Ihnen in der Tabelle auf den Seiten 18 und 19 vor. Sicher ist auch ein Pflanzengefährte für Ihre Gartenwünsche und Bedürfnisse dabei.

Lavendel im Pflanztopf und Kübel

Wenn wir unseren Pflanzenfreund, den Lavendel, nach Hause holen möchten, ist nicht zwingend ein großer Garten vonnöten. Nein, das duftende Kraut macht auch in der Großstadt im Kübel eine gute Figur, bereichert jede Terrasse oder auch den Balkon der Stadtwohnung, egal, ob im ersten oder dritten Stockwerk. Ich möchte Ihnen ein paar hilfreiche Tipps an die Hand geben, sodass Sie an Ihrem Lavendel im Kübel viel Freude haben und er gut wächst und gedeiht.

Für die Topfhaltung eignen sich vor allem die niedrigen, kompakten Sorten des Lavendels. Wenn Sie Ihren Favoriten an Form und Farbe ausgewählt haben, pflanzen Sie ihn möglichst bald in ein ausreichend großes Gefäß. Am besten eignet sich ein Tongefäß mit einem Loch im Boden. Der Ton nimmt Feuchtigkeit auf und gibt das gespeicherte Wasser langsam an die trockener werdende Erde ab. Über die Öffnung im Boden fließt überschüssiges Gießwasser oder Regenwasser ab. So kann keine für die Wurzeln gefährliche Staunässe auftreten wie bei einem Plastiktopf, der die Feuchtigkeit regelrecht einsperrt. Wählen Sie ein möglichst großes und ausreichend tiefes Gefäß, denn Lavendel entfaltet seine Wurzeln gerne nach unten und in die Breite.

Ich empfehle Ihnen für die unterste Schicht Ihres Tontopfes eine Drainage aus Tonscherben, Kies oder kleinen Kieselsteinen. Darüber füllen Sie das eigentliche Substrat aus magerer Erde und Sand. Bewährt hat sich eine Mischung aus ⅓ Gartenerde, ⅓ Sand und ⅓ Humus oder Kompost. Diese Mischung können Sie auch später zum Umtopfen verwenden, sollte die Blühfreudigkeit einmal stoppen, weil der Topf zu sehr durchwurzelt ist. Sie können Ihren Lavendel nun einsetzen, die Erde ringsherum ein wenig andrücken und mit Wasser angießen.

Jetzt braucht Ihr Schützling nur noch einen sonnigen Platz mit ausreichend Licht und Ihre lenkende Hand bei der Bewässerung. Die Pflege unserer Topfpflanzen erfordert immer ein wenig Fingerspitzengefühl, da sie nicht wie im Garten in den natürlichen Verbund der Erde eingegliedert sind. Bei Trockenheit und Hitze müssen Sie Wasser von außen zuführen. Achten Sie darauf, dass keine Staunässe entsteht. Wichtige Vorkehrungen dagegen haben Sie mit Tontopf und Drainage bereits getroffen.

Tipp Sehr gute Erfahrungen habe ich mit Erdmischungen gemacht, die für den Dachgarten vorgesehen sind. Diese meist mageren Mischungen können Sie mit etwas humoserer Gartenerde anreichern. Mischungen für den Dachgarten enthalten meist Kies und Granulat, das einer Bodenverdichtung vorbeugt und eine gut funktionierende Drainage gewährleistet. Gerade in tiefen Pflanzkästen erhält der Boden dadurch ausreichend Struktur. Diese Erden ergeben auch optisch ein schönes und gepflegtes Bild als abschließende Schicht.

Auch im Winter ist bei Kübelpflanzen einiges zu beachten. Die meisten Arten und Sorten an Lavendel, die ich in der Tabelle ab Seite 18 nenne, sind in unserem Klima grundsätzlich winterhart. Dennoch lieben diese Mittelmeerschönheiten in der kalten Jahreszeit ein geschütztes Plätzchen. Eine gute Wahl ist die Nähe einer Hauswand, am besten ohne direkte Sonneneinstrahlung. Vergessen Sie im Winter bitte nicht das Gießen. Lavendel freut sich an frostfreien Tagen über einen kleinen Schluck Wasser. Wenn Sie in den kühleren Regionen unseres Klimas zu Hause sind, können Sie den Topf zusätzlich mit einem Jutesack und einem Luftpolster schützen. Die Wurzeln dürfen auch bei andauernder Kälte nicht durchfrieren. Wenn Sie diese wenigen Tipps beachten, werden Sie sicher viel Freude an Ihren Schützlingen haben und Duft und Blüten lange Zeit genießen.

Standort, Pflege, Rückschnitt

Als mediterrane Pflanze ist unser Lavendel ein wahrer Sonnenanbeter. Er liebt das Licht und entfaltet sein wunderbares Aroma nur mit ausreichend Sonneneinstrahlung. Ein kalkhaltiger, durchlässiger Boden trägt weiterhin zu einem gesunden, kraftvollen Wachstum bei. Falls Ihr Boden nicht kalkhaltig ist, können Sie ein wenig Kalkschotter oder Muschelschalen einarbeiten. Trockenmauern aus Kalksteinen schaffen ebenfalls gute Bedingungen für Ihren Pflanzenfreund. Lavendel kommt mit mageren und auch mit steinigen Böden hervorragend zurecht. Nach dem Anwachsen übersteht er trockene Perioden problemlos und ohne große Pflege. Der Lavendel ist daher ein wertvolles Pflänzchen für den nachhaltigen und ökologischen Garten der Zukunft.

Ein beherzter Rückschnitt nach der ersten Blüte hält Ihren Lavendel schön kompakt, verhindert eine frühzeitige Verholzung und Vergreisung und fördert die Verzweigung. Sie dürfen gerne auch ein wenig in das Holz zurückschneiden. Wenn Sie genau hinsehen, entdecken Sie schnell, wo die neuen Triebspitzen austreiben. Meist lasse ich mindestens drei Austriebe stehen und schneide mit einer scharfen Schere darüber ab.

Bei einem Schnitt in das Holz empfehle ich Ihnen den Sommerschnitt nach der ersten Blüte. Er gibt der Pflanze auch in raueren Klimaregionen ausreichend Zeit, ihre Wunden bis zum ersten Herbstfrost zu schließen. Auf diese Weise vermeiden Sie Frostschäden an der Pflanze. Dies gilt insbesondere für weiß und rosa blühende Sorten, die in der Regel etwas sensibler und frostempfindlicher auf (falschen) Rückschnitt reagieren.

In milderen Klimaregionen Deutschlands treibt der Lavendel nach dem Sommerschnitt ein zweites Mal und erfreut uns im Herbst mit einer leichten Nachblüte. Viele Naturgärtner lassen diese Nachblüte im Herbst ohne zweiten Rückschnitt stehen. Blüten und Triebe der Herbstblüte bieten der Insektenwelt einen Rückzugsort zum Überwintern. Für die Pflanze ist es der bestmögliche Winterschutz. Im Frühjahr geben Sie Ihrem Lavendel mit einem leichten Schönheitsschnitt erneut Struktur, indem Sie die verblühten Triebe vom vergangenen Herbst kürzen. Unser Lavendel ist nun wieder gut in Form und fit für die herannahende Sommersaison.

Vermehrung

Nachkommen des Echten Lavendels oder des wilden Lavendels, man könnte sie auch als »Urlavendel« bezeichnen, samen sich selbst aus und können eigenständig Ableger in Ihrem Garten bilden. Ich empfehle sie besonders für den Naturgarten. Sie werden beobachten, wie die Pflanze den ihr angebotenen Lebensraum annimmt und in gewissem Maß selbst mitgestaltet. Sie können auch gezielt Samen dieser Pflanzen erwerben und Ihre eigenen Lavendelpflanzen züchten. Sie werden feststellen, dass nicht jeder Nachkomme aus Lavendelsamen exakt so aussieht wie die Mutterpflanze. Charakter und Aussehen werden von beiden Elternpflanzen bestimmt. Einige moderne Züchtungen und Sorten des Lavendels sind steril. Sie lassen sich nicht über Samen vermehren. In jedem Fall können Sie Ihren Lieblingslavendel über Stecklinge vervielfältigen. Sie erhalten auf diese Weise Nachkommen, die der Mutterpflanze genetisch exakt gleichen.

Lavendelsamen können Sie von Wildlavendelblüten selbst entnehmen oder einfacher im Gartenhandel erwerben. Ich bevorzuge den Samen von »Urlavendel« oder von *Lavandula angustifolia* 'Hidcote Blue' in Bioqualität, völlig unbehandelt, ohne Spritzmittel oder Zusatzstoffe. Die Lavendelsamen tragen alle Informationen über das Aussehen der Pflanze, den Duft, die Heilkraft und auch die Möglichkeit zur Anpassung an unterschiedliche Standorte in sich. Sie warten nur darauf, dass wir eine für sie günstige Umgebung schaffen, in der sie ihr Potential entfalten können. Mit einer Vermehrung über Saatgut passen Sie Ihre Pflanzen bestmöglich an die Umweltbedingungen und Standorte in Ihrem Garten an. Die daraus wachsenden Pflanzen sind in der Regel besonders robust. Für mich ist es immer wieder eines der eindrucksvollsten Wunder dieser Erde, dass ein so kleines Samenkorn so viele Informationen und auch Entwicklungsmöglichkeiten in sich trägt.

Tipps für die Ernte von Samen zur Vermehrung des Lieblingslavendels

Bei meinem Besuch der Gärtnerei »Rose Saatzucht« in Erfurt, über den ich später noch berichten werde (siehe ab Seite 51), bot sich mir die perfekte Gelegenheit, mein Saatgutwissen rund um den Lavendel zu verbessern.

Wer Samen zur Vermehrung des eigenen Lieblingslavendels ernten möchte, braucht ein wenig Geduld und Fingerspitzengefühl. Die Qualität des Lavendelsamens ist ausschlaggebend für die Keimung. Der optimale Zeitpunkt der Ernte ist entscheidend. Bei zu früher Ernte sind die Samen unreif und keimen nicht. Wartet man zu lange, fallen sie aus oder verlieren durch Feuchtigkeit und Regen ihre Kraft. Der Samen muss an der Pflanze richtig ausreifen. Bei den Sorten 'Hidcote Blue' oder 'Munstead' ist der optimale Erntezeitpunkt Mitte bis Ende August. Die Blüten sind dann komplett verblüht. Je nach Klima, Region und Jahr variiert der richtige Zeitpunkt immer etwas. Wichtig ist eine Ernte bei trockenem Wetter, sodass die Samen nicht schimmeln und verderben.

Anzucht aus Samen

Für die Aussaat im Frühjahr verwende ich torffreie Bio-Kräutererde als Substrat und mische etwas Sand und wenig feinen Kies darunter. Der Kies macht den Boden schön durchlässig für Feuchtigkeit, sodass keine Staunässe entstehen kann. Bereits die Lavendelsamen lieben das Licht und die Wärme für ihre Keimung. Optimal sind 18 °C. Wer schon im Februar und März säen möchte, braucht ein Gewächshaus oder einen warmen Platz auf der Fensterbank. Direkt im Freien lohnt sich die Aussaat erst im Frühsommer, wenn die entsprechenden Temperaturen erreicht sind.

Drücken Sie mit einem Finger kleine Dellen in Ihre Kräutererde, streuen Sie je einen Samen in jede Delle und sieben Sie etwa 2 mm Sand über die Samen (Tipp von Gertrud Leumer, Gärtnerei Mussärol, siehe Seite 50). Nun ist noch Feuchtigkeit für die Keimung notwendig. Sprühen Sie die Erde und den Sand gut mit Wasser ein. Den Topf stellen Sie an einen geschützten und halbschattigen Platz. In der prallen Sonne trocknet die Erde viel zu schnell aus. Hilfreich ist es, den Topf im Freien mit einer Folie oder einer durchsichtigen Abdeckung zu schützen – wie in einem Minigewächshaus. Das hilft, die richtige Temperatur zu erreichen, schützt die Samen vor Vogelfraß und verhindert, dass Platzregen den Keimungsprozess der oben aufliegenden Samen stört.

Die Lavendelanzucht aus Samen erfordert etwas Geduld und Erfahrung. Nach drei bis vier Wochen können Sie die ersten Keimblätter der Pflänzchen erkennen. Achten Sie bei der Anzucht darauf, die Erde immer feucht einzusprühen, sodass keine Staunässe entsteht, die Pflanzen aber auch nicht über längere Zeit austrocknen.

Stecklinge vom Lavendelstrauch

Wesentlich einfacher als über Samen ist die Vermehrung von Lavendel über Stecklinge. Mit dieser Methode erhalten wir Klone der Mutterpflanze.

Der beste Zeitpunkt, Stecklinge zu schneiden, ist das Frühjahr oder der Spätsommer, wenn Sie Ihren Lavendel kurzen. Sie schneiden etwa 10 cm lange unverzweigte Triebspitzen ab – oder noch besser: brechen sie heraus. Vom unteren Drittel werden die Blätter entfernt. Der blattfreie Stängel wird in Pflanzerde – ein Teil Gartenerde, ein Teil Sand – gesteckt. Die Erde drücken Sie mit den Fingern rund um die Pflanze achtsam an und gießen, sodass sie rings um den Stängel feucht ist. Erst wenn die Erde komplett abgetrocknet ist, gießen Sie erneut. Es ist wichtig, dass sich keine Staunässe bildet, denn sie führt zu Fäulnis. Die Pflanze sollte aber auch nicht über längere Zeit trocken stehen.

Anfangs hat der Steckling keine Wurzeln, um Nährstoffe und Wasser aufzunehmen. Um diese Stresssituation abzumildern, ist eine hohe Luftfeuchtigkeit sehr hilfreich, ähnlich wie sie in einem Treibhaus herrscht. Sie können Ihre Pflanze öfter mit Wasser einsprühen – oder viel besser: Sie stellen die Pflanztöpfchen in ein Minigewächshaus, das eine gleichbleibend

Bilder links: Ein Hauch von Süden
oben: Französische Garrigue mit Lavandin im botanischen Garten Sanoflore
unten: Pflanzengefährten: Das Silber der Immortellen in Kontrast zum Lila des Lavandins

hohe Luftfeuchtigkeit gewährleistet. Es dauert höchstens acht Wochen, bis sich die ersten feinen Wurzeln gebildet haben. Das heißt: Stecklinge, die Sie im März einsetzen, können Sie nach den Eisheiligen ins Freie pflanzen.

Im ersten Sommer steht noch etwas Pflege an. Die Pflanzen müssen in längeren Trockenperioden gewässert werden. Ab dem zweiten Jahr ist dies nicht mehr notwendig. Pflanzenstecklinge, die erst im Spätsommer bewurzeln, sind noch nicht ausreichend winterhart. Topfen Sie diese nach der Wurzelbildung in ein größeres Tongefäß um, das am Boden eine dünne Drainageschicht enthält (siehe Seite 21). Gießen nicht vergessen und Staunässe meiden.

Tipp Kappen Sie zwei bis drei Wochen nach dem Umpflanzen die Spitzen der Triebe, sodass sich Ihr Junglavendel von Anfang an gut verzweigt.

Ernte und Trocknung

Lavendel, der für Trockensträuße genutzt werden soll, ernten wir, sobald sich die ersten Blüten öffnen. Besonders gut eignet sich zum Beispiel *Lavandula angustifolia* 'Hidcote Blue'. Seine Blüten fallen beim Trocknen nicht ab. Zudem wirkt er aufgrund der kräftig violetten Blütenfarbe sehr dekorativ.

Wollen Sie Ihren Lavendel für die Küche und die Gesunderhaltung nutzen, sind Aroma und Heilkraft wichtig. Der richtige Erntezeitpunkt ist entscheidend. Erst wenn mindestens die Hälfte der Blüten vollständig geöffnet ist, hat sich das Aroma voll entfaltet. Sie werden feststellen, dass Ihr Lavendel zu diesem Zeitpunkt gut besucht ist von Bienen und Schmetterlingen. Der Duft der Blüten lockt Bestäuber an, die mit Nektar und Pollen belohnt werden. Ab diesem Zeitpunkt sind in der Regel zwei Wochen Zeit für die Ernte, bis der Lavendel vollständig durchgeblüht ist.

Ich schneide meinen Lavendel an einem sonnigen und trockenen Tag um die Mittagszeit. Ich achte darauf, dass mindestens zwei oder besser drei Tage sonniges, regenfreies Wetter vorausgehen. Meine Ernte entspricht gleichzeitig dem Sommerschnitt des Lavendels (siehe Seite 22). Für die Trocknung binde ich kleine Sträuße und hänge sie in meiner Kräuterhütte an einem warmen, schattigen Ort kopfüber auf. Alternativ können Sie den Lavendel liegend trocknen. Achten Sie darauf, dass er gut durchlüftet ist und die Stängel nicht zu dicht übereinanderliegen.

Wenn die Ähren rascheltrocken sind und sich die Blüten leicht von den Stängeln lösen, ist der Lavendel fertig getrocknet. Sie werden merken, wenn es so weit ist. Die genaue Dauer hängt von der Temperatur, dem Ort der Trocknung und der Luftfeuchtigkeit des jeweiligen Sommers ab.

Bio-Aromafarmen der Drôme provençale: Carole Roux erzählt von der heilenden Wirkung ihrer Aromapflanzen. Sie berichtet uns ihre Eindrücke zur »Lavendelkrankheit« (siehe Seite 39).

Tipp Ich lade Sie ein zu einem Duftexperiment: Brechen Sie ein Zweiglein blühenden Lavendel ab. Zerteilen Sie den Lavendel in Stängel, Blätter, Blüten und Blütenkelche. Schnuppern Sie an den einzelnen Teilen. Sie werden feststellen, dass besonders die Stängel, Blätter und Blütenkelche fein duften. Diese Teile enthalten Öldrüsen, aus denen bei Berührung das ätherische Öl freigesetzt wird. Die Blüten selbst sehen schön aus, sind aber weniger aromatisch.

Aufbewahrung

Von den getrockneten Blütenähren können Sie die Blüten und die Blütenkelche – letztere enthalten den eigentlichen Duft! – abrebeln und in einem geeigneten Gefäß aromadicht bis zur nächsten Ernte aufbewahren.

Bei einer kleineren Menge können Sie den getrockneten Pflanzenschnitt als Ganzes beiseite legen, zum Beispiel in einer kompakten Papiertüte, die Sie am offenen Ende mehrfach falten und mit hölzernen Wäscheklammern verschließen. Ich entnehme die Portion, die ich für meine Rezepte und Anwendungen benötige, und reble erst kurz vor dem Gebrauch ab. Dadurch bleibt das Aroma bestmöglich erhalten.

Tipp Werfen Sie die abgerebelten Stängel nicht weg. Sie können sie für ein Gesichtsdampfbad (siehe Seite 164), als Feueranzünder oder als Imkertabak nutzen (siehe Seite 54).

Den Garten gestalten mit Lavendel

Dufthecken und Duftwege

Lavendel ist ein Wegbegleiter im wahrsten Sinne des Wortes. Bereits am Eingang zu Ihrem Haus können Sie erste Akzente setzen. Wie wäre es mit einer Dufthecke entlang Ihrer Garageneinfahrt oder mit einem Duftweg durch Ihren Vorgarten, direkt bis zu Ihrer Haustür? Auf diese Weise verwandeln Sie den Eingang zu Ihrem Heim in eine Duftoase der Entspannung.

Eine klare Struktur für Dufthecken bieten die hohen Sorten des Lavandins, wie die Sorte 'Grosso'. Mit einer Wuchshöhe von 80–100 cm erreichen Sie eine gut strukturierte Wegführung. Der Pflanzabstand ist mit etwa 60 cm etwas größer als beim Schmalblättrigen Lavendel. So kann sich jede Pflanze voll entfalten (Pflanzabstand in der Hecke: allgemein etwa die Hälfte der zu erwartenden Wuchshöhe). Lavendelhecken sind kaum anfällig für Krankheiten, robust und bei entsprechender Sortenwahl winterhart.

Ein attraktiver Blickfang sind auch die etwas niedrigeren, kompakteren Sorten des *Lavandula angustifolia.* Sehr gut geeignet ist die Sorte 'Hidcote Blue'. Sie bildet schöne Heckenstrukturen in mittlerer Größe mit kräftiger Farbe (Pflanzabstand: 20–30 cm). Alternativ zur einfarbigen Wegbegleitung können Sie die bunte Farbvielfalt des Schmalblättrigen Lavendels für eine kreative Gestaltung nutzen. Setzen Sie mit weißen und roséfarbenen Lavendelsorten Blickpunkte zwischen zart oder kräftig violetten Variationen. Es entsteht ein weiches Farbspiel mit einladendem Charakter, das an geschwungenen Wegen besonders gut zur Geltung kommt. Die Energie kann frei fließen. Ist der Weg etwas breiter, können Sie den Lavendel mit Salbeiarten, silbrig blättrigem Heiligenkraut oder mit Gräsern im Hintergrund begleiten, die im Windspiel Leichtigkeit vermitteln.

Lavendel ist ein wunderbares Gestaltungselement für den Spazierweg durch den Garten. Wege, geschwungen oder gerade, sind wesentliche Elemente der Gartenplanung. Sie sind kleine Wunder der Kreativität, sie geben dem Garten Struktur, lenken den Blick, teilen Räume ein, schaffen Durchgänge und setzen Blickpunkte. Als Beet-Einfassung oder entlang des Spazierwegs durch die Staudenrabatte brillieren vor allem die niedrigen Schönheiten des Lavendels. Sie bestechen durch ihren kompakten Wuchs, wie *Lavandula angustifolia* 'Blue Cushion', der als besonders kompakte Sorte kleine, niedrige Kissen bildet und die Beete wunderbar umrahmt (Pflanzabstand: etwa 15 cm). Sie können auch wenige Pflanzen der niedrigen Lavendelsorten dicht nebeneinandersetzen und durch einen gezielten Schnitt in eine gewünschte Form, zum Beispiel in eine Herzform, bringen. Dadurch schaffen Sie besonders liebevoll gestaltete Plätze in Ihrem Garten. Für Liebhaber des weißen Lavendels oder für Ihren weißen Garten empfehle ich Ihnen *Lavandula angustifolia* 'Nana Alba'. Mit seinen 20–30 cm Höhe ist er eine der kleinsten Farbvarianten. Er ist sehr robust und bildet schöne niedrige Beet-Einfassungen. Für diese kompakten Begrenzungen setzen Sie die Pflanzen im Abstand von 20–25 cm.

Bilder links: Traumhafte Pflanzkombinationen im mediterranen Garten der Artenvielfalt von Roger Bastin in den Niederlanden oben: Heiligenkraut mit Lavendel. Unten: Wegbegleiter Lavendel

Bewährte Pflanzkombinationen

Rose und Lavendel: wirklich gute Partner?

Die Kombination aus Rose und Lavendel ist eine viel geliebte, klassische Gestaltung, der wir in zahlreichen Gärten begegnen. Doch sind die beiden Pflanzen tatsächlich ein Traumpaar?

Rose und Lavendel haben ganz unterschiedliche Ansprüche an ihren Standort. Die Rose liebt es nährstoffreich. Sie will gut gedüngt und gut gewässert werden. Der Lavendel dagegen bevorzugt mageren, steinigen Boden. Zu viel Feuchtigkeit behindert sein Wachstum. Hartnäckig hält sich das Gerücht, Lavendel könne dem Befall mit Läusen an Rosen vorbeugen. In der Gartenpraxis werden Sie schnell herausfinden: Das funktioniert nicht.

Traumpaar hin oder her: Ich liebe Rose mit Lavendel trotzdem

Lieben Sie genau die Kombination aus Rose und Lavendel, brauchen Sie nicht traurig zu sein. Wenn Sie einige Hinweise beherzigen, können beide Pflanzen nebeneinander wachsen und gedeihen, sodass ein wunderschöner Gesamteindruck entsteht.

- Setzen Sie Ihre Rose in ein Pflanzloch mit ausreichend nährstoffreicher Rosenerde.
- Geben Sie Ihrer Rose ausreichend Raum.
- Halten Sie beim Pflanzen des Lavendels Abstand zu Ihren Rosen.
- Magern Sie den Boden für den Lavendel im Pflanzloch mit etwas Sand und Kalkschotter ab.
- Achten Sie darauf, ausschließlich die Rosen zu gießen und auch nur diese zu düngen – der räumliche Abstand zwischen den Pflanzen hilft Ihnen dabei.

Lavendel-Kräuterspirale: Duftbeet auf kleiner Fläche

Einer meiner persönlichen Lieblingsplätze für den Lavendel ist die Kräuterspirale, die auch das Zentrum meines eigenen Gartens bildet (siehe auch Seite 17). Meine Vorliebe für Kräuterspiralen führte letztendlich zu meiner ersten Begegnung mit dem pala-verlag. Im wunderbaren Buch »Die Kräuterspirale« von Irmela Erckenbrecht fand ich eine ausführliche, fachlich fundierte und praxisnahe Anleitung zum Bau meiner eigenen Spirale, viele hilfreiche Tipps und liebevolle Anregungen für eine gelungene Gestaltung. Wer sich insbesondere für den Aromagarten interessiert, findet im Folgebuch »Duftoase Kräuterspirale« ein wahres Feuerwerk an Ideen zur Gestaltung des eigenen Duftreiches.

Für die Bepflanzung einer Kräuterspirale mit Lavendel sind vor allem die niedrigeren, kompakten Sorten gut geeignet. Ich spiele gerne mit Farbvariationen und habe in meiner Spirale weiter unten mit dem weißen Lavendel *Lavandula angustifolia* 'Alba' (Wuchshöhe 60 cm) begonnen. Im mittleren Bereich schließt sich der rosafarbige *Lavandula angustifolia*

'Miss Kathrine' (Wuchshöhe 60–70 cm) an, in den Höhen der Kräuterspirale triumphiert das kraftvolle Violett des kompakt wachsenden *Lavandula angustifolia* 'Hidcote Blue' (Wuchshöhe 40–50 cm). Besonders eindrucksvoll wirkt der Lavendel, wenn er in kleinen Gruppen gepflanzt wird. Gruppieren Sie drei bis fünf Pflanzen, je nach Größe der Spirale, um Ihren Lavendel während der Blüte in Szene zu setzen.

Passende Begleitpflanzen sind Salbei oder Thymian. Greifen Sie mit unterschiedlichen Sorten das Farbspiel des Lavendels auf. Zum Beispiel mit Salbei: Starten Sie mit dem weiß blühenden Salbei *Salvia officinalis* 'Nana Alba', schließen Sie das Rosa des *Salvia officinalis* 'Rosea' an, der durch eine besonders lange Blühzeit besticht, um dann mit der blau blühenden klassischen Heilpflanze *Salvia officinalis* zu enden.

Mediterrane Gestaltung: der Aromagarten Erlangen

Bei einem Spaziergang durch professionelle Gartenanlagen können wir viel über gute Gestaltungsmöglichkeiten und Pflanzenpartnerschaften mit dem Lavendel lernen. Ich schätze in besonderem Maße den Aromagarten Erlangen. Auf etwa 9000 m² Fläche wurde in den Jahren 1979–1981 von Prof. Karl Knobloch der weltweit erste Aromagarten angelegt. Bis heute wird er vom Botanischen Garten der Friedrich-Alexander-Universität Erlangen-Nürnberg weiterentwickelt. Es ist ein Garten zum Lehren und Lernen über Heilpflanzen und Aromapflanzen, und er ist ein gutes Beispiel für nachhaltige Gartenentwicklung. Als Teil der »grünen Lunge« Erlangens ist er für Besucher frei zugänglich. Er kommt mittlerweile ohne Bewässerung und ohne Spritzmittel aus.

Bei der Landschaftsgestaltung des Gartens wurden sonnige Zonen mit durchlässigem Boden und ausreichend Kalk geschaffen, die Mittelmeerpflanzen besonders gutes Wachstum ermöglichen. Durch die Pflanzung niedriger duftender Kräuter und das Aufbringen von Kalkschotter oder Kieselsteinen entsteht der Charakter einer typisch südländischen Garrigue-Landschaft. Etwa 120 winterharte Arten an unterschiedlichen Duftpflanzen sind im Aromagarten mittlerweile zu Hause. Im Sommer verwöhnt an jeder Ecke ein anderer Duft unsere Nasen. In dieser Oase der Düfte darf Lavendel natürlich keineswegs fehlen. Der typische englische Klassiker *Lavandula angustifolia* 'Munstead' ist dort ebenso zu finden wie unterschiedliche Kultursorten aus der Provence.

Im Frühjahr eröffnen die gelben, zart duftenden Blüten der Schlüsselblumen das Kräuterjahr zwischen den Lavendelpflanzen. Eine besonders schöne Pflanzkombination bieten die niedrigen Halbsträucher des Lavendels mit den hoch aufragenden kugelförmigen Blüten des Zierlauchs *(Allium giganteum)*. Diese lilafarbigen Blütenkugeln ziehen die Blicke im Sommer auf sich und sind auch nach dem Verblühen mit ihren Samenständen ein attraktiver Blickfang.

Wer im Hochsommer durch den Aromagarten schlendert, fühlt sich in Monets Gärten versetzt. Neben der Duftvielfalt umgibt uns ein farbenfrohes Blütenmeer: Das kraftvolle Violett des Lavendels ist umgeben von hoch aufragenden, silbrigen Eselsdisteln und gelben

Königskerzen, von gelben Nachtkerzenblüten und dem kräftigen Gelb der Färberkamille. Rote Mohnblumen und magentafarbige und weiße Vexiernelken *(Lychnis coronaria* und *Lychnis coronaria* 'Alba') setzen Akzente und säen sich immer wieder in neuen Kompositionen selbst aus. Überall tanzen Schmetterlinge und ein wahres Bienen-Ballett tummelt sich in den Lavendelblüten. Sie treffen im wahrsten Sinne des Wortes auf einen lebendigen Natur- und Duftgarten, einen Garten für alle Sinne.

Biologisch-dynamisch: Der Garten von Roger Bastin

Auch im Schaugarten von Roger Bastin in Aalbeek in den Niederlanden können Sie in traumhaften Lavendel-Kompositionen schwelgen. Roger Bastins Garten spiegelt seine Liebe zum Süden und zur Provence wider. Dreißig Jahre Erfahrung mit Lavendel und Mittelmeerkräutern treffen auf ein hohes Feingefühl für stimmige Pflanzkombinationen. Sowohl Hobbygärtner als auch Profis finden dort reichlich Anregung für gelungene Pflanzkonzepte. Einige Beispiele möchte ich Ihnen vorstellen:

Kombinieren Sie verschiedenfarbige Lavendelsorten ähnlicher Wuchshöhe für Ihren individuellen Duftweg oder für Ihr Lavendel-Duftbeet. Setzen Sie Akzente mit den höheren Sorten des Lavandins, mit den vanillegelben Blüten des Heiligenkrauts *(Santolina chamaecyparissus* 'Lambrook Silver') oder mit dem Silber des Currykrautes *(Helichrysum italicum),* mit Gräsern oder mit blauen Edeldisteln (Mannstreu) wie *Eryngium* 'Pen Blue' oder *Eryngium* × *zabelii* 'Big Blue'. Haben Sie mehr Platz, können Sie den Hintergrund mit hoch aufragendem Patagonischen Eisenkraut *(Verbena bonariensis)* gestalten, einer wunderbaren Bienenpflanze, die bei uns leider nicht ganz winterhart ist.

Roger Bastin zeigt, dass ein Lavendel-Kräuter-Garten Bestandteil eines biologisch-dynamischen Gesamtkonzeptes sein kann, das die Artenvielfalt und das ökologische Gleichgewicht fördert. Je besser die ökologische Balance, desto weniger Herbizide und Pestizide sind notwendig. Es ist die Voraussetzung für gelingenden ökologischen Landbau im Einklang mit der Natur. Artenvielfalt und ein stabiles ökologisches Gleichgewicht tragen maßgeblich zur Sicherung unserer Nahrungsgrundlagen bei. Es liegt in unserem ureigensten Interesse, an jedem möglichen Ort, am Balkon, auf dem begrünten Dach, auf der Terrasse oder in unserem Garten, die Vielfalt an Arten zu fördern und ihnen das Überleben zu sichern. Als Pflanze für Bienen, Hummeln und Schmetterlinge hat der Lavendel hier seinen festen Platz.

Bei Roger Bastin ist er daher auch symbolisch in direkter Nähe zu den Bienenbeuten des ganzheitlich geführten Betriebs zu finden. Die Bienen bestäuben wiederum die Obstbäume und das Gemüse und sorgen für eine reiche Ernte. Im Kräutergarten, in dem es bis in den späten Herbst hinein blüht, finden sowohl Wildbienen als auch Honigbienen während des gesamten Gartenjahres einen reich gedeckten Tisch an Pollen und Nektar.

Bild rechts: Hier lässt es sich entspannen:
In den Lavendel-Duftwelten des Gartens
von Roger Bastin in den Niederlanden

Gemeinsam können wir die Artenvielfalt fördern

Im Oktober 2017 wurde eine von deutschen, niederländischen und britischen Wissenschaftlern durchgeführte Langzeitstudie zum Thema Artenvielfalt und Insektensterben veröffentlicht. Die Daten für diese Studie wurden über 27 Jahre an 63 unterschiedlichen Standorten in Deutschland gesammelt. Das Ergebnis ist erschreckend: Die Artenvielfalt der untersuchten Insekten ist in diesem Zeitraum durchschnittlich um etwa 75 % zurückgegangen.

Wenn jeder von uns einen kleinen Beitrag zur Artenvielfalt leistet, sind wir gemeinsam stark: Die Summe der Flächen aller Privatgärten und Schrebergärten in Deutschland entspricht flächenmäßig knapp dem Vierfachen aller 16 Nationalparke Deutschlands. Das ist eine wirklich bedeutsame Fläche. Ich lade Sie ein: gestalten Sie mit! Vielleicht haben Sie Lust bekommen, eine Duftecke in Ihrer Umgebung zu pflanzen. Gemeinsam können wir etwas bewegen und die Artenvielfalt fördern, sodass unser Tisch an Obst und Gemüse auch morgen noch reich gedeckt ist.

Studie: Fachzeitschrift »Plos one«: More than 75 percent decline over 27 years in total flying insect biomass in protected areas, Caspar A. Hallmann, Martin Sorg, Eelke Jongejans, Henk Siepel, Nick Hofland, Heinz Schwan, Werner Stenmans, Andreas Müller, Hubert Sumser, Thomas Hörren, Dave Goulson, Hans de Kroon; Published: October 18, 2017

Sitzplätze im Lavendelgarten

Unser Garten kann ein geschützter Raum sein, in dem wir das Miteinander pflegen. Pflanzen ermöglichen es uns, solche Wohlfühlorte der Begegnung mit Familie und Freunden zu gestalten. Besondere Aufmerksamkeit gilt hier den Sitzplätzen in unserem Gartenreich. Ein gut gestalteter Sitzplatz gibt Raum zur Entspannung, für die Pause mit Kaffee oder Tee oder zum Schmökern eines Buches. Er ist Mittelpunkt für das soziale Miteinander, das Zusammensein und Feiern mit Familie oder Freunden, für die Grillparty oder den Spieleabend, das Glas Wein zum Ausklang eines schönen Sommerabends. Auch hier bieten Duftpflanzen ein besonders sinnliches Erlebnis, angefangen von der Bank unter dem Rosenbogen bis hin zum Ausblick auf den duftenden Lavendelgarten.

Ort der Begegnung: das Lavendel-Labyrinth in Kastellaun

Ich möchte Ihnen eine besondere Begegnungsstätte vorstellen, einen Ort, an dem sich ein ganzes Dorf begegnet und soziales Miteinander pflegt. Ein Treffpunkt, gestaltet mit etwa 1200 Lavendelpflanzen *(Lavandula angustifolia* 'Munstead'): das Lavendel-Labyrinth in Kastellaun.

Das Labyrinth gilt schon seit Jahrtausenden als Symbol für den Lebensweg oder die Schöpferkraft. Bei meinem Besuch in Kastellaun im Hunsrück berichtet mir Christa Wendling von »ihrem Labyrinth«: Es wurde dem Labyrinth von Ravenna nachempfunden. Aus einem Geschenk für Christa Wendling anlässlich ihres 60. Geburtstages ist mittlerweile ein Projekt entstanden, an dem sich Familie, Freunde und viele Dorfbewohner beteiligen. Das »blaue Labyrinth« ist längst ein Besuchermagnet geworden. Es lädt zu einer persönlichen Entdeckungsreise ein. Es bietet Spiel, Spaß und Spannung für alle Altersgruppen. Frauen, Männer, Familien, Kinder – alle besuchen es gleichermaßen und wandern die gewundenen Wege dem Ziel entgegen.

Natürlich will auch ich es probieren, will auch ich diesen Weg gehen. Ich trete ein, zu meiner Rechten ein blühender Rosenstrauch. Die Rose ist eine meiner Herzenspflanzen, vielleicht eine der Pflanzen, die mich den Weg des Herzens durch mein persönliches Leben leiten. Die ersten Lavendelsträucher formen die Gestalt einer Frau, ein Symbol für das gebärende Prinzip oder die Mutter Erde, die alles Leben hervorbringt. Ich habe mein Ziel klar vor Augen, die Mitte des Labyrinths. Doch weit komme ich nicht, ich muss abbiegen und mich den Windungen des Labyrinths anvertrauen, rechts und links begleitet von Lavendelpflanzen. Ich wandere einmal näher in Richtung Zentrum und muss mich an den Wendepunkten wieder von ihm entfernen. Letztendlich heißt es, zu vertrauen. Mein Ziel, die Mitte des Labyrinths, wird sicher erreicht. Mein Mann Thomas erzählt mir, er habe beim ersten Durchgang spontan die Schritte gezählt. 365 Schritte waren es bei ihm, so viele Schritte, wie das Jahr Tage hat.

In der Mitte des Labyrinths treffe ich auf eine Besonderheit: einen kleinen Apfelbaum. Frau Wendling berichtet mir, welcher Gedanke sie zum Pflanzen dieses Baumes bewegt hat. Es ist ein Spruch, der auch mich seit meiner Kindheit begeistert und der auch zu meinen Leitsprüchen zählt.

Bild rechts: Das Lavendel-Labyrinth von Kastellaun: Begegnungsstätte, Spiel und Entspannung für Groß und Klein

Es ist mehr als ein Zitat, es ist eine Lebenseinstellung: »Und wenn ich wüsste, dass morgen die Welt untergeht, würde ich heute noch einen Apfelbaum pflanzen.« (Martin Luther)

Christa Wendling ist die Seele des Labyrinths. Ihr Tätigkeitsfeld ist die Hospizarbeit. Das Labyrinth sieht sie als Symbol für unseren Lebensweg: Es zu durchlaufen, die Gedanken wahrzunehmen, trotz aller Wendepunkte weiterzugehen, sich den Biegungen und Windungen des Lebens anzuvertrauen und zu sehen, dass wir stets die Mitte des Labyrinths erreichen. Der Apfelbaum steht bewusst im Zentrum des Lavendel-Labyrinths – mit seiner Frucht als Symbol der Liebe, der Weisheit und des Wissens und auch als Symbol für den Sündenfall und die Erlösung. Unser Lavendel ist ein ausgesprochen guter Begleiter auf diesem Weg. Sein entspannender und Angst lösender Duft gibt Mut und einen schützenden Rahmen von der Geburt bis ins hohe Alter.

Mehrmals im Jahr lädt das Lavendel-Labyrinth in Kastellaun dazu ein, gemeinsam zu feiern. Jahreskreisfeste bieten sich ebenso an wie der Zeitpunkt der gemeinsamen Ernte. Dann verwandelt sich das Labyrinth in einen Ort der Begegnung für die Dorfgemeinschaft und darüber hinaus. Lavendelkekse werden gebacken, Lavendelmarmelade und Duftsäckchen mit Lavendel aus eigener Ernte verkauft. Es wird gesungen, getanzt und erzählt. Am Labyrinth von Kastellaun ist soziales Miteinander gelungen. Und ich bin einmal mehr begeistert von dem, was Pflanzen, insbesondere der Lavendel, uns hier zu schenken haben.

Meine Reise in die Heimat des Lavendels – die Provence

Meine erste eindrucksvolle Begegnung mit dem Lavendel in Frankreich hatte ich auf einer Urlaubsreise durch die Provence im Juni 2003. Wir verließen die Autobahn bei Avignon und bogen ab in das Landesinnere Richtung Apt. Bald lagen die ersten Lavendelfelder vor uns. Was für ein Anblick! Bei einer Temperatur von nahezu 40 Grad Celsius erstreckte sich das violettfarbene Blütenmeer des Lavandins so weit das Auge reichte unter strahlend blauem Himmel. Es duftete intensiv nach Lavendel. Ein Fest für alle Sinne.

Das Brummen der Motoren eines kleinen Flugzeugs lenkte unsere Aufmerksamkeit auf sich. Der feine Nebel eines Spritzmittels legte sich wie ein Schleier über das Feld und holte uns jäh in die Realität zurück. Lavandin ist in der Provence ein wichtiger Wirtschaftsfaktor: Intensivanbau, riesige Monokulturen und zweimalige Ernte im Jahr – das sind die Schattenseiten des »blauen Golds«, der Welt, die wir als Touristen so sehr lieben, die Augen, Nase und Seele so sehr beeindruckt und die es so erst seit knapp hundert Jahren gibt (Anfang des zwanzigsten Jahrhunderts wurde der Lavendelanbau von den Höhen in die Ebene verlegt, ab etwa 1920 kam der Anbau von Lavandin hinzu).

Auf meiner Reise zückte auch ich den Fotoapparat und schwelgte im Rot der Mohnfelder und in der Weite des blauen Goldes. Doch ganz real fordert dieser Anbau seinen Tribut: Lavandin wird hauptsächlich als Wäscheduft, als Raumduft, für Reinigungsmittel, für Parfum und auch als Souvenir angebaut. Der Bedarf ist riesig, hohe Erträge und möglichst niedrige Preise sind häufig Programm. Der Anbau ist in weiten Teilen nicht ökologisch. Das ätherische Öl des Lavandins findet in der Heilkunde nur untergeordnet Anwendung und ist für mich – bis auf die Ausnahme des Lavandin 'Super' – nicht mit der Heilkraft des ätherischen Öls des Echten Lavendels vergleichbar. Auf den Spuren der Heilkraft des Lavendels war ich noch nicht am Ziel meiner Reise angekommen.

Mich trieb es weiter in das Landesinnere. Bei Sisteron sollte ich auf die ersten ökologisch geführten Lavendelfelder meiner Reise treffen. Die Felder waren kleiner. So manches Beikraut wucherte lebensfroh zwischen dem Echten Lavendel. Ja, manchmal strahlte mir schon fast eine ganze Teemischung aus dem Feld entgegen. Zwischen dem Blau des Lavendels leuchtete das Gelb von blühendem Johanniskraut. Dazwischen vereinzelt Muskatellersalbei, die Blüten emsig von Holzbienen umsummt.

Weiter ging es in den Hochebenen des Luberon. Die eigentliche Heimat des Echten Lavendels sind die Berge. In einer Höhe von 1000 m schimmerte dann endlich auch das

Bilder links: Auf den Spuren der Heilkraft der »violetten Blume« – durchatmen und genießen: Lavendelanbau *(Lavandula officinalis)* in den Hochebenen der Drôme provençale

sanfte Violett des wild wachsenden Lavendels, kleine kompakte Pflanzen, wahre Kraftpakete an ätherischen Ölen, eingestreut in die Wiesen des Hochlandes. Der Echte Lavendel besitzt hervorragende Winterhärte. Auch deshalb sind mittlerweile zahlreiche Zuchtformen der ursprünglichen Wildform für den heimischen Gartenhandel entstanden.

Die Heilkraft des Berglavendels der Drôme provençale

Der Berglavendel hatte mich so fasziniert, dass ich mich entschloss, ihn 2017 auf einer Duftreise, durchgeführt vom Aroma-Zentrum ASOMI unter der fachkundigen Leitung von Hanna Christiane Günther und Marc Lerch, noch einmal intensiver zu erforschen. Biegt man von Grenoble oder Valence in die Bergwelt der Drôme provençale ab, gelangt man in die Welt von Bioanbau und kleinen Aromafarmen.

Unsere Anreise führte uns von Grenoble in die Berge, entlang malerisch schöner Straßen. Zugegeben: Dort braucht man Zeit, denn der Weg führt über kleine Pässe, entlang schmaler, steiniger und kurvenreicher Straßen, die Berge hinauf und hinab. Oberhalb von 800 m ist der wilde Berglavendel ein ständiger Begleiter am Wegesrand. Stolz und kraftvoll leuchtet sein Blauviolett zwischen Felsen und Steinen, ein mutiger Kämpfer, der auch in rauen Gegenden kein Problem hat, zu wachsen und seinen Duft und seine Lebenskraft voll zu entfalten.

Diese Fähigkeit überträgt sich auch auf das ätherische Öl, das aus dieser Pflanze gewonnen wird. Wilder Berglavendel aus 800 – 1800 m Höhe ist ein guter Helfer in schwierigen Zeiten, durch raue Lebensphasen voller Stress, in denen eine Fülle an Herausforderungen auf uns einströmt, ein Weggefährte für die Stürme des Lebens. Er gibt Mut, sich Ängsten zu stellen und sie zu überwinden. Anspannung und Verkrampfung nimmt er die Spitze. Er lässt uns den Schlaf leichter finden, durchbricht das Gedankenkreiseln, wenn die Probleme zu intensiv werden, sodass wir Schritt für Schritt unseren Weg meistern können. Diese Eigenschaft des Lavendels hat mich immer tief beeindruckt, sodass ich ihn gerne »Meister der Entspannung« nenne.

Bioanbau und kleine Aromafarmen

Wir waren angekommen.

Es begann eine Entdeckungsreise der besonderen Art, während der uns vor allem Begegnungen mit Lebensgeschichten tief beeindruckten und überraschten. »Leben im Einklang mit der Natur« war der rote Faden. Daneben ein hohes Maß an Kreativität und Wissen rund um die Themen Pflanzen, Destillation und heilsame Anwendungen der Pflanzenwässer und ätherischen Öle. Für mich gibt es keinen besseren Weg, das Wesen dieser Pflanze zu erfassen: auf den Spuren des Berglavendels in seiner ursprünglichen Heimat.

Bild rechts: Der Berglavendel entfaltet in einer Höhe von 1200 – 1800 m seine volle Kraft: heilkräftig, stolz, majestätisch – ein mutiger Kämpfer zwischen den Felsen

Bildhauerei und Bio-Destillation: Carole und Emmanuel Roux

Unser erstes Ziel war die Aromafarm von Carole und Emmanuel Roux in Chalancon. Weit abgelegen hinter einem Lavendelfeld und vor einem der malerischen Berge liegt die kleine Biofarm auf 840 m Höhe. Emmanuel ist professioneller Bildhauer. Bei meinem Rundgang durch die Gebäude fühlte ich mich zurückversetzt in alte Gewölbe antiker Schlösser und Weinkeller mit ihren Säulen und Skulpturen. Carole ist die Seele der Aromafarm. Sie nutzt für ihre Destillate Berglavendel und Wildlavendel aus einer Höhe von 840–1200 m.

Fachkundig von Carole begleitet, schnupperten wir uns durch die Felder von Pfefferminze, Kamille, Muskatellersalbei, Bergbohnenkraut, Schafgarbe und Wilder Möhre und lauschten dem Fachwissen der Destillateurin. Auf einer kleinen Wiese mit einzelnen Lavendelpflanzen erzählte sie uns ihre Beobachtung zur »Lavendelkrankheit«, wie sie es nennt (siehe Seite 40). Sie erklärte, wir säßen gerade in einem ehemals von der Krankheit befallenen Lavendelfeld. Die erkrankten Pflanzen mussten komplett untergeackert werden. Zu ihrer Überraschung hatten sich aber einzelne robustere Pflanzen ausgesamt und waren erneut gewachsen. Sie waren besser an die neue Situation angepasst.

Anpassung von Pflanzenarten an neue Umweltbedingungen über die Vermehrung durch Samen: Dieses spannende Thema wird uns auch in Deutschland begegnen (siehe ab Seite 51). Gerade in Zeiten des Klimawandels wird diese Anpassungsleistung von Pflanzen noch eine große Rolle für unsere Zukunft spielen. Der wilde Berglavendel vermehrt sich ausschließlich über Samen. Seine Strategie für Anpassung und Überleben ist ihm von Natur aus mitgegeben ... und wir ziehen den Hut vor der Weisheit der Pflanzenwelt.

Die »Lavendelkrankheit«: Ist die Zukunft des Lavendels bedroht?
Der Bestand an Lavendel in der Provence war in Gefahr. Bereits 1980 waren erste Pflanzen erkrankt, um 2000 gab es deutliche Einbrüche in der Ernte, fünf bis zehn Jahre später waren in manchen Regionen schon zwischen 30 und 50 % der Pflanzen befallen und die Provence hatte ihre Führungsposition im Lavendelanbau verloren: In den letzten 20 Jahren setzte ein gravierendes Lavendelsterben ein. Zunächst war der Lavandin in den Ebenen betroffen, seit 15 Jahren auch der Echte Lavendel in den Bergen. Lavendelbauern und Biologen waren alarmiert. Das »blaue Gold der Provence« war bedroht. Ein Wirtschaftsfaktor und viele Arbeitsplätze standen auf dem Spiel. Was war geschehen?

Der Übeltäter war schnell ausgemacht. Zwei Millimeter klein! Die Winden-Glasflügelzikade *Hyalesthes obsoletus.* Ihre Larven verbringen zehn Monate in der Erde. Kommen sie mit den Wurzeln einer erkrankten Lavendelpflanze in Kontakt, nehmen sie dort den Erreger der Krankheit auf, das Phytoplasma-Bakterium *Candidatus Phytoplasma solani,* auch Stolbur-Phytoplasma genannt. Die Larven der Glasflügelzikaden sind nun infiziert und tragen den Erreger für die Lavendelkrankheit in sich. Nach ihrer Entwicklung zu erwachsenen Zikaden fliegen sie von Lavendelpflanze zu Lavendelpflanze, saugen an deren Blättern und übertragen das Bakterium auf diese Pflanzen, die somit infiziert sind. Der Erreger vermehrt sich im Pflanzensaft und in den Leitungsbahnen. Die Pflanze bildet überwiegend Blätter und Stängel und blüht nicht. Im weiteren Krankheitsverlauf verstopfen alle Leitungsbahnen, es können keine Nährstoffe mehr transportiert werden und die Pflanze verkümmert. Saugende Zikaden nehmen das Bakterium aus den Leitungsbahnen befallener Pflanzen auf und übertragen es auch auf diese Weise.

Eine Bekämpfung des Bakteriums mit Antibiotika schied aus. Es hätte auch die Gesundheit der Bienen gefährdet, die für diese Region ein ebenfalls wichtiger Wirtschaftsfaktor sind.

Ursachen der Lavendelkrankheit
Glasflügelzikaden und das Bakterium gab es schon lange. Doch welche Faktoren hatten zu der massenhaften Vermehrung und dem Massensterben der Pflanzen beigetragen? Befallen wurden vor allem junge Pflanzen und auch solche mit einem schwachen Immunsystem. Trug der konventionelle Anbau in Monokultur und mit Spritzmitteln zu dieser Eskalation bei? Es war vielleicht ein Faktor von vielen. Wissenschaftler konnten ebenso einen Zusammenhang mit dem Klimawandel feststellen. Die zunehmende Hitze und auch die zunehmende Trockenheit waren Faktoren, die die Ausbreitung der Krankheit deutlich beschleunigten. Hinzu kamen kontaminierte Stecklinge des Lavandins, der sich nur über Ableger vermehren lässt. Ist die Mutterpflanze infiziert, enthält auch der Steckling die Krankheitserreger.

Maßnahmen gegen die Lavendelkrankheit
Forschungsarbeiten führten zu folgenden Empfehlungen zur Bekämpfung der Lavendelkrankheit:

1. Gesunde Stecklinge: Heute werden unter sterilen Bedingungen gesunde Stecklinge gezüchtet.

2. Hohe genetische Vielfalt des Lavendels: Lavendel hat eine große genetische Vielfalt. Dort liegen die Hoffnungen der Experten. Es gibt anfälligere und widerstandsfähigere Sorten. Eine komplett resistente Sorte gibt es bisher nicht. Doch es wurden zahlreiche Strategien entwickelt, die den Zikaden die Übertragung des Bakteriums erschweren.

3. Mischkultur: Eine wirkungsvolle Strategie sind Mischkulturen. Glasflügelzikaden fliegen auf Sichthöhe. Pflanzen von mindestens 80 cm Höhe bilden für sie eine Barriere. Wachsen Lavendelreihen im Wechsel mit Reihen an Getreide, wie Weizen, ist die Ausbreitung weitgehend unterbrochen. Diesen Effekt haben auch entsprechend hohe Wildblumenmischungen, die zusätzlich andere Insekten anziehen – darunter vielleicht auch Widersacher der Zikaden – und die Artenvielfalt fördern.

4. Kaolin: Wird Lavendel mit Kaolin, einem natürlichen Tonmineral, eingestäubt, sind die Pflanzen weniger grün, sondern gräulicher. Für die Zikaden ist diese Farbe weniger anziehend.

5. Vermehrung durch Samen: die perfekte Anpassung an neue Umweltbedingungen. Seit Ausbreitung der Lavendelkrankheit hat der Echte Lavendel, der sich durch Samen vermehren lässt, gegenüber dem Lavandin, bei dem dies nicht möglich ist, wieder an Bedeutung gewonnen. Das Potential, das in der Vermehrung über Samen liegt, halte ich für überaus bedeutungsvoll und möchte darauf besonders hinweisen. In Kombination mit Mischkulturen sind so durchaus ökologische Lösungen des Problems möglich. Voraussetzung ist die Rückkehr zu einem Anbau im Einklang mit der Natur.

Frauenpower und anthroposphisches Denken: Nathalie Portaz und Florence Huvet

Unser nächstes Ziel war die Aromafarm von Nathalie Portaz und Florence Huvet bei Vachères-en-Quint. Auf einer Fläche von 6000 m² bauen die beiden Frauen Heilpflanzen in ökologischer Wirtschaftsweise an, mit dem Ziel, ätherische Öle, Hydrolate und Pflanzenmazerate in Arzneiqualität zu gewinnen. Sie wirtschaften nach den Grundlagen der Anthroposophie nach dem Vorbild von Rudolf Steiner. Besondere Beachtung finden die Rhythmen der Natur bei Anbau, Ernte und Herstellung der Arzneien. Die beiden Unternehmerinnen arbeiten mit Ausnahme der Destille nahezu ganz ohne Maschinen. Auf dem Feld kommen Pferd und Esel zum Einsatz.

Bei Nathalie und Florence erleben wir die Destillation von Heilpflanzen live. Vor unseren Augen wird die ehemalige Dorfdestille aus Kupfer, der Alambic, mit 50–55 kg duftendem Pflanzenmaterial bestückt. Florence steigt in den Alambic und stampft die Kräuter dicht in den Behälter, bevor er verschlossen wird. Zur Destillation wird das Feuer im Heizkessel entfacht, der sich direkt unter dem Wasserkessel befindet. Das Wasser erwärmt sich, langsam und kontinuierlich. Der Wasserdampf steigt hoch, durchflutet das Pflanzenmaterial und reißt die Duftstoffe mit sich. Das Destillat wird abgekühlt und geraume Zeit später fließt es in eine Florentiner Flasche. Die Duftmischung aus feinstem Hydrolat und feinstem ätherischen Öl erfüllt den Raum. Das ätherische Öl und das Hydrolat werden nach der Destillation mithilfe der Florentiner Flasche getrennt und dürfen noch einen Monat ruhen. Erst dann hat sich das Aroma perfekt entwickelt, und alles wird gefiltert und in kleine Flaschen abgefüllt.

Die Destillation dauert mehrere Stunden, langsam und kontinuierlich, für ein feines Duftergebnis. Aus 1 kg Berglavendel entstehen etwa 1 l Lavendelhydrolat *(aqua lavandulae officinalis)* und nur 10–13,5 ml ätherisches Lavendelöl. Letzteres entspricht 1–1,35 % der Ausgangsmenge.

50 kg Pflanzenmaterial = 50 l Lavendelhydrolat + 0,5–0,65 l ätherisches Lavendelöl

30–40 % ihrer Pflanzen bauen Nathalie und Florence eigenhändig an. Der Rest stammt aus Wildsammlung in ihrer Heimat. Die Wildpflanzen und die Pflanzen, die im eigenen Umfeld wachsen, haben ihrer Erfahrung nach für die Menschen in der Region die höchste Heilkraft. Der wilde Lavendel wächst in der prallen Sonne, ist gefordert, wird nicht gedüngt oder betreut. Er muss sich mit jedem Wetter, mit den Bedingungen des Klimas und mit seiner Umwelt auseinandersetzen. Dieser Kampf oder auch Stress verleiht ihm eine besondere Kraft. Er ist gefordert, noch einmal andere Inhaltsstoffe zu bilden als im Schutz des betreuten Anbaus oder des gepflegten Gartens.

Agrarökonomie und Respekt: Claire Montésinos-Fournier und Etienne Fournier

Meine erste Begegnung mit Claire und ihren Produkten war am Wochenmarkt in Die. Marktstände mit Lavendelsäckchen, gefüllt mit Lavandin oder Echtem Lavendel, Lavendelseife, Lavendelhonig und Verkaufsstände mit ätherischen Ölen und Hydrolaten zogen mich magisch an. Das Rosenhydrolat von Claire lenkte meine besondere Aufmerksamkeit auf sich, es hatte einen ungewöhnlich feinen Duft. Wenige Stunden später standen wir vor dem dampfenden Kupfer-Alambic auf Claire Montésinos-Fourniers und Etienne Fourniers Aromafarm in der Nähe von Barnave.

Etienne und Claire destillieren Kräuter und Wildlavendel aus ihrer Region. Zusätzlich haben sie ein kleines Lavendelfeld auf 1000 m Höhe. Claire ist Agrarökonomin. Drei Alambics sind während der Erntezeit wechselweise in Betrieb. Die Kräuter werden am Dach getrocknet und über kleine Rutschen von oben in den Alambic geschoben. In ihrem Labor stellt Claire Kosmetika aus ihren Destillaten her. Inmitten seiner Ausführungen blickt Etienne plötzlich ernst und erzählt uns eine ganz besondere Geschichte, eine Geschichte vom Respekt gegenüber unseren Pflanzenverbündeten.

Er berichtet von Erntehelfern, die in seiner Region unterwegs waren, um Aromapflanzen aus Wildsammlung zu schneiden. Bergthymian und Berglavendel wurden viel zu tief geschnitten. Auch junge und schwache Pflanzen wurden nicht verschont. Das Ergebnis war verheerend. Viele Pflanzen waren beschädigt. Die nächste Erntesaison war für diese Gegend verloren.

Ich bewunderte Etiennes Gelassenheit, während er sprach. Ich spürte seinen Anliegen, dass wir genau hinsehen, dass wir auch einmal nachfragen, wo wertvolle Produkte wie ätherische Öle aus Wildsammlung herkommen und wie sie geerntet werden. Ich spürte die Bitte, dass wir nur nehmen, was wir wirklich brauchen, und den Wunsch nach einem nachhaltigen, achtsamen und respektvollen Umgang mit diesen wertvollen Ressourcen unserer Erde.

Große Pflanzenmengen aus Wildsammlung

Viele Firmen, die ätherische Öle im industriellen Maßstab herstellen, haben keinen eigenen Zugang zu Wildlavendel und anderen Wildkräutern im Mittelmeerraum. Sie arbeiten meist mit Edelstahldestillen. Diese fassen im Vergleich zu den hier beschriebenen Kupferdestillen der Aromafarmen oft ein Vielfaches der Menge an Pflanzenmaterial. Um eine große Destille wirtschaftlich betreiben zu können, benötigt ein Betrieb eine entsprechende Menge Pflanzensubstanz.

Es gibt vor allem drei Wege, um große Pflanzenmengen aus Wildsammlung zu erhalten:

- Kauf von Anbauflächen oder Ernteflächen,
- Zusammenarbeit mit Kooperativen oder Destillateuren vor Ort,
- Requirierung von Erntehelfern, die in einer Region Wildpflanzen sammeln.

Bild links: Wilder Lavendel im Hochland der Drôme provençale – karger Boden und die Auseinandersetzung mit Wind und Wetter verleihen ihm seine besondere Kraft.

Hydrolate: vom Abfallprodukt zum Heilmittel

Archäologische Funde einer Ur-Destille aus der Zeit um 3600 v. Chr. aus Tepe Gawra, Irak, und Funde auf Zypern und im Mittelmeerraum belegen ebenso wie alte Schrifttafeln aus Mesopotamien und Ägypten die Jahrtausende alte Tradition der Destillation von Hydrolaten oder Pflanzenwässern in alten Kulturen (mehr zu Hydrolaten ab Seite 146, mehr zu ätherischen Ölen ab Seite 143).

Über lange Zeit wurden Hydrolate für den Hausgebrauch gewonnen und überwiegend von Frauen zur Herstellung von Parfums, Cremes, Kosmetik, Heilmitteln und in der Küche verwendet. Ende des 18. Jahrhunderts gerieten die Pflanzenwässer in der Medizin immer mehr in Vergessenheit. In dieser Zeit wurde das Wissen um die Kraft der Hydrolate von wenigen kräuterheilkundigen Frauen am Leben gehalten, die Nährendes und Heilendes für die Gesundheit ihrer Familien herstellten oder Geburten betreuten. Die Tradition der destillierenden Frauen geht bis ins 15. Jahrhundert zurück. Damals waren es die sogenannten »Wasserbrennrinnen«, die zum einen gewerbsmäßig Alkohol brannten, zum anderen großes Wissen über der Kräuterheilkunde besaßen. Susanne Fischer-Rizzi berichtet in ihrem Buch über die Pflanzenwässer, dass einzelne Frauen dieses Wissen von Generation zu Generation bis in die heutige Zeit weitergegeben haben sollen (Das große Buch der Pflanzenwässer).

Lange wurde in unserer modernen Zeit in der Heilkunde fast ausschließlich das ätherische Öl genutzt. Es ist hervorragend haltbar und erzielt einen guten Preis. Das Hydrolat dagegen galt als Abfallprodukt und wurde über viele Jahre in die Kanalisation oder gar in den Fluss geleitet. Welch eine Verschwendung und Ausbeutung an Pflanzenkraft, so Destillateurin Nathalie Portaz.

Hydrolate sind schwerer handhabbar, weil sie ohne Konservierung verderblicher sind als ätherische Öle. Sehr hygienisches Arbeiten und kühle, dunkle und trockene Lagerung ohne größere Temperaturschwankungen sind ein Muss. Erst seit etwa 1970 wurde die Heilkraft der Hydrolate bei uns langsam für die Naturheilkunde wiederentdeckt. Eine richtige Renaissance erlebten die Hydrolate in den letzten zehn Jahren. Ein Spruch besagt: »Altes Wissen kommt wieder, wenn es gebraucht wird.« Die Zeit ist reif für die Wiederkehr der Pflanzenwässer, die sich auch in meinen Kochrezepten und Heilpflanzenrezepten wiederfinden.

Hydrolate könnte man auch als »sanfte Ebene« der Aromatherapie bezeichnen. Sie haben eine hohe Verträglichkeit, sind wunderbare Wegbegleiter von der Geburt bis ins hohe Alter, haben nur geringes allergenes Potential und weniger Nebenwirkungen als ätherische Öle. Heute werden sie mit Erfolg im Klinikalltag und in der Pflege, aber auch in der Hausapotheke eingesetzt. Ihre Anwendungsmöglichkeiten reichen von der Wegbegleitung bei seelischen Problemen im Selbstmanagement über kosmetische Anwendungen bis hin zu therapeutischen Indikationen. Besonders sensible Menschen profitieren von ihrer sanften Wirkung auf Körper und Seele.

Neuere Untersuchungen weisen darauf hin, dass sich die Destillation in Kupferdestillen – in der Tradition der Kupfer-Alambics – sehr positiv auf die Haltbarkeit der Hydrolate auswirkt. Die Nutzung des gesamten Destillats, sowohl des ätherischen Öls als auch des Hydrolats bedeutet nachhaltiges, ressourcenschonendes und umweltbewusstes Arbeiten.

Bilder rechts: Destillation ätherischer Öle und Hydrolate
links: Kupfer-Alambic der Bio-Aromafarm von Carole Roux
rechts: Nathalie Portaz und Florence Huvet bei der Destillation

Der Alambic: Destille zur Gewinnung ätherischer Öle und Hydrolate

Die Einfachheit der kleinen Aromafarmen darf nicht über das enorme Fachwissen hinwegtäuschen, das die Menschen haben, die dort leben. Sie kennen jede Pflanze genau, wissen, welche Inhaltsstoffe sie enthält, und kennen ihre chemischen Besonderheiten. Die Destille zur Gewinnung der ätherischen Öle und Hydrolate, der Alambic, ist manchmal sogar selbst gebaut und die Destillateure können genau berichten, welche Voraussetzungen und Zeitvorgaben bei der Destillation entscheidend sind, um das bestmögliche Aroma aus jeder Pflanze herauszukitzeln.

Die Pflanzen werden unterschiedlich vorbereitet: Die eine bleibt frisch, die nächste wird kurz angetrocknet, die dritte wird getrocknet verwendet. Der optimale Zeitpunkt der Ernte, die Dauer und Art der Destillation – im Wasserdampf oder bei ganz zarten Blüten im Wasser – spielen eine entscheidende Rolle für ein perfektes Ergebnis.

Beim französischen Alambic ist der Feuerkessel Bestandteil des Alambic und unterhalb der Behälter für Wasser und Pflanzenmaterial integriert. Der Heizkessel wird noch mit offenem Feuer beheizt. Bei uns ist das längst Nostalgie – moderne industrielle Anlagen werden heute mit Gasbrennern beheizt. Die Destillen der Drôme provençale sind in der heutigen Zeit tatsächlich etwas Besonderes.

Die Ernte von wildem Berglavendel: eine Übung in Achtsamkeit

Etiennes Geschichte (siehe Seite 43) hatte mich neugierig gemacht auf die Ernte von wildem Berglavendel. Mit Remy Laborde machten wir uns am letzten Tag unserer Reise auf in eine Höhe von 1300 m. Vorbei ging es an Wiesen, in denen das Lila der Lavendelpflanzen hineingestreut war. Auf dem Grad des Berges angekommen, bot sich uns ein atemberaubendes Panorama der Gebirgsketten der französischen Provence. Remy zeigte uns stolz »seinen Berg«, wie er ihn nannte, und erklärte uns einige Höhenzüge. Überall wuchsen einzelne Lavendelsträucher, lilafarbige Punkte, malerisch eingestreut inmitten der Bergwiesen, der Steine und kleinen Felsen.

Hier hilft bei der Ernte keine Maschine weiter. Der Lavendel wird traditionell mit der Sichel geschnitten. Dafür sind beide Hände nötig. Jeder von uns bekam ein großes weißes Tuch umgebunden, sodass auf dem Rücken bis zu den Seiten ein großer Beutel entstand: die Tasche für unser Sammelgut.

In dem steinigen Gelände ist gutes Schuhwerk ein Muss, ebenso wie ein Hut, der vor der unerbittlichen Mittagssonne schützt. Die Handsicheln sind scharf wie Sensen, um die harten Stängel des Lavendels sicher zu durchtrennen. Eine Hand umfasst einen Strauß Lavendelstängel und zieht ihn vor. Die Sichel wird an der Schnittstelle angelegt und die Hand, die den Strauß fasst, zieht die Stängel oberhalb der Sichel nach hinten weg.

Der erste Lavendelstrauß war geerntet. Pflanze für Pflanze arbeiteten wir uns vor. Der Beutel füllte sich langsam. Zugegeben: Im Vergleich zu Remy müssen wir alle noch kräftig üben, was unsere Geschwindigkeit und Ausbeute betrifft. Dennoch: Die Wildlavendelernte auf 1300 m Höhe war ein unvergessliches Erlebnis. Ich habe jetzt eine Vorstellung davon, was es bedeutet, 50–55 kg Wildlavendel mit der Sichel zu ernten, zu destillieren, zu filtern und auch abzufüllen.

> **Respektvoller Umgang mit unseren Pflanzenverbündeten**
>
> Wildlavendel ist besonders heilkräftig, sein ätherisches Öl ist daher weltweit unter Kennern und Therapeuten beliebt. Die Pflanze wächst in einzelnen Halbsträuchern und wird per Hand geerntet.
>
> Die Betreiber der kleinen Aromafarmen sammeln in ihrer direkten Umgebung, auf Gelände, das ihnen gehört oder für das sie eine Sammelerlaubnis besitzen. Es ist für sie selbstverständlich und überlebensnotwendig, Wildkräuter achtsam zu schneiden. Junge und schwache Pflanzen werden gar nicht und kräftige Pflanzen nicht zu tief geschnitten, sodass diese Pflanzen keinen Schaden nehmen und im nächsten Jahr erneut beerntet werden können. Wertschätzung und Respekt gegenüber der Heilkraft der Pflanzen und der eigenen Lebensgrundlage stehen im Mittelpunkt.

Bilder links: Unvergesslich: Die traditionelle Ernte von Wildlavendel mit der Sichel auf 1300 m Höhe bei einem atemberaubenden Ausblick auf die Höhenzüge der Provence

Auf den Spuren der violetten Blume quer durch Deutschland

Die Provence ist heute wie keine andere Region Europas eng mit dem Thema Lavendel verwoben. Meine Reise führte mich zurück ... nach Deutschland. Auch in unserer Region sind erste Anzeichen einer Klimaveränderung zu beobachten: mildere und kürzere Winter, ein zeitigeres Frühjahr, wärmere Sommer. Was bedeuten diese Veränderungen für unsere Pflanzenwelt? Hat Lavendel bei uns eine Zukunft? Meine Spurensuche nach dem duftenden Blau führte mich auf eine überraschend spannende Reise durch Deutschland.

Buckelapotheker und Olitätenhändler in Thüringen

Mein erstes Ziel war das »Olitätenland Thüringen«, eine Waldregion im Thüringer Schiefergebirge. »Olitäten« bedeutet so viel wie wohlriechende Öle oder wohlriechende Essenzen, die meist arzneilich verwendet wurden. Nach dem Dreißigjährigen Krieg war das Olitätenland Thüringen lange Zeit eine Hochburg deutscher Kräuterkunde. Wildkräuter wurden gesammelt und zu Destillaten, Tinkturen, Balsamen und anderen Heilmitteln verarbeitet. Die Arzneimittel wurden in Gefäße und Tiegel aus Porzellan oder Glas gefüllt und auf große Holzkrätzen gepackt. Wie einen Rucksack schnallten sich die Buckelapotheker oder Olitätenhändler diese Tragen auf den Rücken. Zu Fuß ging es auf die Reise quer durch Mitteleuropa, um die beliebten Kräuterprodukte zu verkaufen. Heinz Liebermann vom Förderverein »Thüringer Kräutergarten/Olitätenland« verriet mir, dass das Gepäck der Buckelapotheker oft bis zu 60–70 kg schwer war und dass auf der Reise Strecken bis zu 60 km am Tag zu Fuß zurückgelegt wurden.

In dieser Hochburg der Kräuterheilkunde ist ab 1800 auch der Anbau von Lavendel beschrieben. Besonders geeignet erwiesen sich brachliegende Weinberge mit Einlagerungen von Muschelkalk in der Nähe von Bad Blankenburg. Mit zunehmender Konkurrenz der großen Flächen der Provence war der Anbau in Thüringen nicht mehr rentabel und wurde eingestellt. Heute erinnern Lavendelpflanzungen in den Grünanlagen der Stadt und zwei kleine Lavendelfelder auf Burg Greifenstein und Richtung Schwarza an die alte Tradition.

Die Idee, die Erinnerung an den Lavendelanbau in Thüringen wieder aufleben zu lassen, hatte die Kräuterfachfrau und Lavendelliebhaberin Karin Franke. Nach der Wende rief sie zahlreiche Lavendelprojekte in Bad Blankenburg ins Leben. Ihr Fachwissen und ihre Begeisterung brachten die »violette Blume« zurück nach Thüringen. Das Lavendelfest Anfang

Bild links oben: »Lila und Lavendel« im Garten der Natur Duft Manufaktur TAOASIS in Detmold
unten: Ein Stück Provence in Niedersachsen: Das Lavendelfeld in Stapel

August mit dem berühmten »Lavendelbad« und Krönung der Lavendelkönigin bildet heute in Bad Blankenburg den Höhepunkt des Kräuterjahres und erinnert an die Geschichte des Lavendels in dieser Region.

Ein Sortenversuch: Gärtnerei Mussärol in Bamberg

Meine nächste Station auf den Spuren des Lavendels war Bamberg in Oberfranken. Bamberg ist berühmt für seine Gärtnerstadt. Sie bildet das »grüne Herz« der Domstadt. Die grünen Flächen befinden sich im Stadtkern, sie haben eine Tradition, die bis in das 17. Jahrhundert zurückreicht, und werden auch heute noch mit Herz und Hand von Familienbetrieben bewirtschaftet.

Ein Anliegen der Gärtnerstadt ist die Bewahrung alter Sorten an Gemüse und Kräutern. Im Sortengarten des Gärtner- und Häckermuseums wird so mancher Schatz an Samen vermehrt und angebaut. Der Bamberger Spitzwirsing ist dort ebenso zu finden wie die alte Kartoffelsorte 'Bamberger Hörnla', die 'Bamberger Zwiebel', der 'Bamberger Knoblauch' und Kultursorten an Salaten und Bohnen.

Mein Ziel war die Kräutergärtnerei Mussärol. »Mussärol« bedeutet Majoran. Seit etwa 500 Jahren wird diese Traditionsgärtnerei als Familienbetrieb geführt. Auf der Rückseite des Hauses befinden sich Gewächshäuser, ein romantischer Duftpflanzengarten und lange Reihen dunkelviolett blühender Lavendelsträucher. Gertrud Leumer, Landschaftspflegerin und Chefin des Betriebes, hat ihr Herz ganz dem Anbau von Kräutern nach Richtlinien des Bioanbauverbandes Naturland verschrieben. Besonders am Herzen liegt ihr dabei der Anbau von Süßholz – und der von Lavendel. Vor 20 Jahren hat sie die ersten Lavendelpflanzen in ihren Garten geholt. Seit zehn Jahren führt sie einen Sortenversuch durch. Die Überraschung war groß: Einige Arten und Sorten Lavendel haben sich besonders gut bewährt, da sie für den sandigen Bamberger Boden und das Klima sehr gut geeignet sind. Ein kleiner Anteil Humus, etwas Kalk und das milde, warme Klima bilden geradezu hervorragende Bedingungen für sein Wachstum. Im Juni und Juli werden die Blüten geerntet, getrocknet und zu Kräuterbündeln, Duftkissen, leckerem Lavendelsirup und Lavendelzucker verarbeitet: Lavendelprodukte regional aus Bamberg.

Tipp Bewährte Arten und Sorten Lavendel aus dem Bamberger Sortenversuch: *Lavandula officinalis, Lavandula angustifolia* 'Hidcote Blue', *Lavandula angustifolia* 'Siesta', *Lavandula angustifolia* 'Imperial' und *Lavandula × intermedia* 'Grosso'.

Bild rechts: Lavendel regional aus Bamberg – Gertrud Leumer bei der Ernte und beim Sommerschnitt

Vom Wunder des Samenkorns: Gärtnerei Rose in Erfurt

Mein Besuch der Gärtnerstadt Bamberg hatte mich ermutigt: Lavendel in Deutschland hatte offensichtlich Zukunft. Ich war auf der richtigen Fährte. Nun wollte ich es genau wissen. Meine Spurensuche führte mich erneut nach Thüringen.

Mein Interesse galt der Firma Rose Saatzucht in Erfurt. Die Traditionsgärtnerei birgt den Wissens- und Erfahrungsschatz aus mehr als hundert Jahren Saatgut-Entwicklung. Etwa 150 Arten und Sorten an altem Gemüse, Blumen und Kräutern werden dort ökologisch über Samen vermehrt und für die Zucht bereitgestellt. Besonders gespannt war ich auf die Begegnung mit Annegret Rose, Chefin und Seele des Betriebs.

Frau Rose befasst sich seit 15 Jahren mit der Zucht von Lavendel aus Saatgut. Im rauen Klima Thüringens müssen sich die Pflanzen mit harten Wintern auseinandersetzen. Die Temperaturen erreichen manchmal minus 20 °C. Besonders bewährt haben sich in ihrer Gärtnerei die beiden Lavendelsorten *Lavandula angustifolia* 'Hidcote Blue' und *Lavandula angustifolia* 'Munstead'.

Auf unserem Spaziergang über die Felder durfte ich tiefer in die Geheimnisse des Saatguts eintauchen. Die Gärtnerei Rose ist ein Aromagarten der besonderen Art. Der feine Duft alter Pfingstrosensorten und der erdige Geruch der Roten Bete liegen dicht nebeneinander. Einige Felder weiter riecht es nach Katzenminze, nach Kamille, Lavendel und Thymian. Färberpflanzen wechseln sich ab mit Kräutern, Gemüse, Pfingstrosen und Astern. Mehrere Bienenbeuten stehen mitten im Paradies aus blühenden Pastinakenpflanzen, Borretsch und Lavendel, in einem Blütenmeer vom Frühjahr bis spät in den Herbst.

Ein Streifen Rosmarinpflanzen zog meine Aufmerksamkeit auf sich, frei auf dem Feld, ohne Winterschutz, und das seit fünf Jahren. Mit geringem Erfolg hatte ich selbst seit Langem versucht, Rosmarinpflanzen in meinem Kräuterspiralgarten nachhaltig zu etablieren. Immer wieder überlebten die Pflanzen den einen oder anderen harten Winter nicht.

Von Annegret Rose lernte ich: Pflanzen passen sich an ein verändertes Klima letztendlich über ihre Samen an. Ein keimendes Samenkorn ist gefordert, aus seinem riesigen genetischen Material die am besten geeigneten Gene »anzuschalten«, um sich an Boden und Klima seiner Umgebung optimal anzupassen, um zu überleben. Mit jeder Pflanzengeneration findet eine beständige Veränderung und eine natürliche Auslese statt. Arten und Sorten, die über mehrere Generationen über ihr Saatgut in einem neuen Klima vermehrt werden, passen sich langsam an dieses Klima und die neuen Umweltbedingungen an. Ob dieses Prinzip auch auf die Heilkraft der Pflanze zutrifft? Vielleicht bietet eine Pflanze, die die gleichen Umweltbedingungen gemeistert hat, die ich tagtäglich meistern muss, die höchstmögliche Heilkraft für meine Gesundheit? Ein spannendes Thema!

Jede Region bräuchte idealerweise eine eigene Saatgutgärtnerei, die Gemüsepflanzen und Kräuter für ihre individuellen Umweltbedingungen weiterentwickelt und anpasst. Insbesondere in Zeiten des Klimawandels liegt hier ein ungeheures Potential. Über Saatgut angepasste und weiterentwickelte Pflanzen sind aus meiner Sicht ein Kulturgut, das unserer besonderen Wertschätzung bedarf, oder um es mit den Worten von Frau Rose zu sagen: »Es stellt ein kleines, aber wesentliches Stück von gesellschaftlichem Gelingen dar.«

Doch zurück zum Lavendel: Seine ursprüngliche Heimat ist der Mittelmeerraum. Eine optimale Anpassung an Klima und Umweltbedingungen in Deutschland gelingt genau über diesen Prozess der Saatgutvermehrung. Im Gegensatz dazu hat eine Vermehrung durch Stecklinge nicht dieses Potential der Weiterentwicklung und Anpassung.

Zum Abschluss meines Besuches überraschte mich Frau Rose mit einem Glasflakon: Der Duft feinsten Lavendelöls von *Lavandula angustifolia* 'Hidcote Blue' strömte mir entgegen. Das ätherische Öl wurde aus Lavendelpflanzen der Gärtnerei destilliert. Es ist der Geheimtipp der Gärtnerin für die Hausapotheke, wenn in der kalten Jahreszeit Ohrenschmerzen oder Erkältungen drohen.

Bild rechts: Auf dem Radfernweg »Mönchsweg« lädt eine Sitzgruppe im Stapeler Kräuterfeld zur Rast ein ... mit Blick auf das Lavendelfeld.

Ein Hauch von Provence: Aries Umweltprodukte in Stapel

Ermutigt durch meine ersten Begegnungen machte ich mich zur nächsten Etappe meiner Lavendelduftreise auf. Es ging in den Norden nach Stapel in Niedersachsen. Innerhalb der Ortschaft fällt am Wegesrand ein 5000 m² großer, bunter Kräutergarten mit hoher Artenvielfalt und abwechslungsreicher Gestaltung auf. Wir hatten das Stapeler Kräuterfeld erreicht. Nahezu 100 verschiedene Arten und Sorten werden dort von Kräuterliebhabern und Hobbygärtnern ökologisch kultiviert.

Schon von Weitem zog das dunkle Violett eines blühenden Lavendelfeldes meine Aufmerksamkeit auf sich. *Lavandula angustifolia* 'Hidcote Blue' begrüßte uns mitten in Niedersachsen. Rund 1000 m², bepflanzt mit etwa 1200 Lavendelpflanzen, standen in voller Blüte. So mancher Radfahrer, der auf den Spuren des Radfernwegs »Mönchsweg« pilgert, steigt dort ab, magisch angezogen von diesem ungewöhnlichen Anblick. Eine kleine Sitzgruppe aus Holz lädt ein zur Rast und zum tiefen Durchatmen.

Catherine Garcia-Szczesny ist gebürtige Französin. Die Liebe zum typischen Kräutergarten ihrer Heimat und zum Lavendel hat sie mitgebracht und im Norden Deutschlands lebendig werden lassen. Gemeinsam mit ihrem Mann und ihren drei Töchtern leitet die

Phytotherapeutin und Fachfrau für Biokosmetik die Biofirma Aries Umweltprodukte. Mit viel Engagement und Pioniergeist hat die Familie den ausgelaugten Boden kultiviert und in eine blühende Oase verwandelt. Zusätzlich zum ersten Lavendelfeld entsteht ein zweites mit 420 weiteren Pflanzen. Auf dem sandigen Boden wächst der Lavendel hervorragend. Wegen der hohen Niederschläge sitzen die Pflanzen in angehäufelten Reihen, ähnlich wie Kartoffelpflanzen. Der Lavendel ist so ausreichend drainiert und bekommt keine nassen Füße.

Es duftete intensiv nach Lavendel und in den Blüten tummelten sich die Bienen. Das kleine Lavendelfeld stand kurz vor der Ernte. Geerntet wird per Hand, bei trockenem, sonnigem Wetter, wenn sich die Blüten mindestens zur Hälfte geöffnet haben. Die Lavendelähren werden zu Sträußen gebündelt und zur nahe gelegenen Trocknungsanlage gebracht. Anschließend werden die getrockneten Blüten abgerebelt und zu wunderbar duftenden Kräutersäckchen verpackt.

Honig und Imkertabak: Bienen und Lavendel – ein gutes Team

Lavendelfelder sind immer gute Kooperationspartner für Imker. So stehen auch im Stapeler Kräutergarten neben dem Lavendelfeld acht bis zehn Bienenbeuten. Der Lippenblütler Lavendel ist während der Blüte ein regelrechter Bienenmagnet. Honigbienen machen aus seinem Nektar und seinen Pollen einen aromatischen Honig. Doch Lavendel hat für Imker und Bienen noch viel mehr zu bieten. Nach dem Abrebeln der getrockneten Blüten für Duftsäckchen werden die Reste – Stängel, Blätter, Blütenreste – gehäckselt, portioniert und als »Imkertabak« verkauft.

Die Idee dazu war im Laufe der Jahre durch eine spannende Beobachtung während der Lavendelernte entstanden. Zur Erntezeit ist das Lavendelfeld ein reines Bienenmeer. Obwohl per Hand geerntet wurde, gab es keine Bienenstiche. Die Bienen waren offensichtlich vom Duft des Lavendels berauscht und entspannt, ganz auf ihre Nektarernte fokussiert.

Der gehäckselte Lavendel mit seinem entspannenden Duft eignet sich daher hervorragend als Imkertabak. Er wird geräuchert und die Dämpfe beruhigen den Bienenstock, wenn er zur Pflege oder auch für die Honigernte geöffnet werden muss. Und wer weiß? Vielleicht ist auch der Imker oder die Imkerin besonders entspannt und gelassen, wenn er oder sie den Rauch des Lavendels beim Imkern einatmet.

Der Geruch des ätherischen Öls ist natürlich viel feiner, aber Lavendelblüten sind auch als Räucherwerk beschrieben. Das Räuchern der Stängel wirkt beruhigend, entspannend und kräftigend auf die Nerven, vergleichbar (oder ähnlich) wie der Geruch des ätherischen Öls.

Bild rechts: Lavendel in Norddeutschland: Axel Meyer (re.) und Govinda Meyer (li.) testen ihren Lavendel. Das Feld steht kurz vor der Ernte. In der hauseigenen Destille entsteht daraus ätherisches Lavendelöl in Demeter-Qualität.

Ätherisches Lavendelöl in Demeter-Qualität: Natur Duft Manufaktur Taoasis in Detmold

Als Aromatherapeutin beschäftigte mich nun die Frage: Welche Heilqualität kann ich von Lavendel erwarten, der in Deutschland gewachsen ist? Ist es auch bei uns möglich, ätherisches Öl in Arzneiqualität zu gewinnen, und hält eine Analyse dieses ätherischen Öls dem internationalen Vergleich mit ätherischen Lavendelölen aus den Hochburgen Frankreich oder Bulgarien stand? Zur Klärung dieser Fragen lag ein Besuch in Detmold nahe, bei der Natur Duft Manufaktur Taoasis.

Ein Heilpflanzengarten mit über 60 Arten Duftpflanzen empfängt den Besucher am Eingang der Firma. Bereits dort fallen die Farbe Lila und der Lavendel besonders ins Auge. Gemeinsam mit Firmengründer Axel Meyer und seinem Sohn Govinda Meyer fuhren wir zu einem Pilotversuch, etwa 8 km außerhalb von Detmold, der im September 2014 begonnen hatte: In Kooperation mit Biolandwirt Martin Meiwes pflanzte die Firma auf zwei Hektar bester Südwesthanglage etwa 50 000 Pflanzen *Lavandula officinalis.* Längst ist das blühende Lavendelfeld zum Ausflugsziel und zur touristischen Attraktion in Norddeutschland geworden. Die sandige, steinige Erde lässt die Pflanzen hervorragend gedeihen. Ab 2018 ist die Anbaufläche nach Richtlinien des Bioanbauverbandes Demeter zertifiziert.

Im Sommer 2016 wurde das erste Lavendelöl destilliert und seine Inhaltsstoffe analysiert – mit fantastischem Ergebnis: Das Lavendelöl hatte Arzneiqualität und ein optimales Verhältnis der beiden Hauptwirkstoffe Linalool und Linalylacetat (30:40). Der Startschuss war gefallen. Im Sommer 2017 wurde eine Edelstahl-Destille zur Produktion von ätherischem Lavendelöl in Betrieb genommen und ab Juli 2018 dürfen wir uns auf das erste deutsche Demeter-Lavendelöl in Arzneiqualität freuen.

Kunst der Destillation: Maienfelser Naturkosmetik Manufaktur

Lange Zeit waren Hydrolate oder Pflanzenwässer auch in Deutschland in Vergessenheit geraten. Erst seit einigen Jahren erleben sie eine Renaissance (siehe Seite 44). Der Besuch eines Spezialisten in Bezug auf die Herstellung dieser Pflanzenwässer durfte daher bei meiner Lavendelduftreise keineswegs fehlen. Mein Ziel war die Maienfelser Naturkosmetik Manufaktur im baden-württembergischen Maienfels.

Wer den kleinen Verkaufsraum betritt, wird sofort in eine andere Welt entführt. Die Leidenschaft für Düfte ist in jedem Winkel des Ladens spürbar. Ich bewunderte alte Duftflakons in verschiedenen Formen und Farben und die kunstvollen Gefäße der ägyptischen Glaskunst für Parfums ebenso wie die alte Ladenkasse oder den Apothekerschrank für Kräuterschätze. In wunderschönen Holzregalen reihen sich ätherische Öle, Hydrolate, Naturparfums und Salben. Ich entdeckte unterschiedliche ätherische Lavendelöle aus Lavandin, Speik oder Echtem Lavendel ebenso wie Wildlavendelöl von Pflanzen, die auf 1500 und 1800 m Höhe gewachsen waren – Kostbarkeiten mit besonders intensiver Heilkraft. Daneben fanden sich Hydrolate des klassischen Heillavendels, aber auch des Schopf-Lavendels, in Bioqualität.

Bei seiner ursprünglichen Tätigkeit in der Pflege erlebte Hans-Peter Lindenmann, der Chef des Familienbetriebs, die lindernde und das Wohlbefinden stärkende Wirkung der Pflanzen hautnah. Schließlich setzte er seine Vision erfolgreich um: die eigene Herstellung hochwertiger pflanzlicher Hydrolate. Er führte mich in das Herz seines Unternehmens, an den Ort, an dem seit 30 Jahren ätherische Öle und Pflanzenwässer gewonnen werden. Die Pflanzen, die dort verarbeitet werden, stammen aus dem eigenen Bergkräutergarten oder auch aus Bioanbau befreundeter Betriebe.

In der Duftmanufaktur wird nach alter Tradition destilliert. Mehrere Kupferdestillen reihen sich aneinander, die größte fasst 500 l. Die Kessel werden mit Gas beheizt, wodurch sich eine gleichmäßige Temperatur gut steuern lässt. Gekühlt wird über Zisternenwasser, das in einem geschlossenen Kreislauf zirkuliert und unter der Erde abkühlt. Die Kupferdestillen sind das gesamte Pflanzenjahr über in Betrieb – vom Frühjahr, wenn das Kühlwasser getaut ist, bis zum ersten Frost im Herbst. Ich war umgeben von Jahrzehnte altem Erfahrungswissen rund um Hydrolate ... und einem Hauch von Alchemie.

Bild rechts: Liebe und Wertschätzung für Pflanzen, Hydrolate, ätherische Öle und Düfte begegnen uns in der Maienfelser Naturkosmetik Manufaktur an jeder Ecke: Hier edle Duftflakons aus Ägypten.

Lavendel und Wein: Zukunftsvisionen bei Konz an der Mosel

Von den ehemaligen Weinbergen Thüringens zu den Weinbergen der Mosel, von der Vergangenheit in eine lavendelblaue Zukunft: Ebenso spannend wie meine Duftreise im Olitätenland begonnen hatte, endete sie an brachliegenden Weinbergen bei Konz an der Mosel.

Von 2007 bis 2012 überprüfte dort Geograf Ralph Ahrens mit seinem Team, ob Lavendelanbau an der Mosel zukunftsfähig ist. Auf der Suche nach einer wirtschaftlichen Nutzung brachliegender Weinberge wurden Lavendel und weitere Mittelmeerkräuter an den Hängen des Flusses gepflanzt. Fünf Lavendelsorten testeten die Forscher auf ihre Eignung zu diesem Zweck: Der untersuchte Lavendel erreichte hervorragende Qualität.

Durch einen Zeitungsartikel wurde Dieter Möhring von den »Lehmer Razejunge«, einem Verein zur Förderung der Kultur traditionellen Weinbaus, auf das Pilotprojekt aufmerksam. Begeistert griff er die Idee auf. Seit 2014 wachsen im ersten Freiflächenversuch etwa 3200 Lavendelpflanzen in den Weinbergen der »Lehmer Razejunge«. Die Standortbedingungen sind für den Lavendel in den Weinbergterrassen der Mosel hervorragend. Und ich bin gespannt, wie es weitergeht. Vielleicht können wir bereits in den kommenden Jahren ausgedehnte blaue Lavendelfelder in den Weinbergen der Mosel erleben.

Hat Deutschland das Potential zu einer neuen Provence?

Leben ist Veränderung. Der Klimawandel ist auch in Deutschland spürbar. Die Winter sind heute milder, das Frühjahr beginnt zeitiger, die Jahresdurchschnittstemperatur steigt weltweit. Mit dem milderen Klima geht auch eine Veränderung unserer Pflanzen- und Tierwelt einher. Es entstehen Standortvorteile für duftende Mittelmeerpflanzen wie den Lavendel. Die Projekte, die ich Ihnen vorgestellt habe, zeigen, dass der Anbau, die Gewinnung von ätherischem Öl und von Hydrolaten aus Heillavendel in Deutschland bereits heute erfolgreich sein kann. Zahlreiche Arten und Sorten des Lavendels sind ausreichend winterhart und aus gärtnerischer Sicht gut an unsere Umweltbedingungen angepasst.

Tipp Vielleicht fragen Sie sich jetzt: Wie ist das eigentlich mit der Lavendelkrankheit? Ist Lavendel auch bei uns von Glasflügelzikaden und Phytoplasmen bedroht? Ich kann Sie beruhigen. Im Moment ist keine massenhafte Ausbreitung in Deutschland zu befürchten. Die Winter sind zu kalt und das Klima ist zu feucht.

Ätherisches Lavendelöl in Arzneiqualität aus deutschem Anbau ist möglich. Lavendel ist eine Pflanze, die sich gut in ein biologisch-dynamisches Gesamtkonzept nachhaltigen und zukunftsfähigen Gärtnerns einfügt. Sie fördert die Biodiversität und ist ein wertvoller Bestandteil in jedem Natur- und Kräutergarten. Besonders interessant ist die Auswertung des Pilotversuches »Lavendel- und Naturkäuterfelsterrassen« in den Weinbergen der »Lehmer Razejunge«: Im Projektzeitraum hatte sich die Anzahl an Bienen, Hummeln und Schmetterlingen vervielfacht. Die Artenvielfalt war gestiegen (mehr zum Projekt auf der Internetseite der »Lehmer Razejunge«, siehe Seite 188).

Ja – für mich ist völlig klar: Lavendel hat eine Zukunft in Deutschland. Und nicht nur bei uns: Auch unsere Nachbarländer Österreich und die Schweiz haben bereits Erfolg versprechende Lavendelprojekte gestartet. Ich freue mich darauf, in den kommenden Jahren zunehmend das Blau der Lavendelfelder bei uns zu erleben, und möchte Sie einladen, die Vielfalt und das Potential dieser wunderbaren Pflanze für sich zu entdecken.

Lavendel – heute fast überall

Gehe ich heute bei einem Abendspaziergang durch meinen Wohnort, so begegnet mir Lavendel an allen Ecken und Enden: in der kleinen Parkanlage am Markt, in einer Vielzahl an Gärten, selbst in den Gartenabteilungen der zahlreichen Supermärkte. Lavendel scheint längst angekommen zu sein in unserem modernen Deutschland, in unseren Herzen und in unserer Welt.

Bild rechts: Lavendelwelten in Bamberg – ein Sortenversuch der begeisterten Gärtnerin und Lavendelliebhaberin Gertrud Leumer

Pflanzen kommen immer dorthin, wo sie am meisten gebraucht werden

Es gibt einen alten weisen Spruch: »Pflanzen kommen immer dorthin, wo sie am meisten gebraucht werden.« Ich möchte daher der Frage nachspüren, weshalb der Lavendel bei uns in Deutschland eine wichtige Rolle übernehmen möchte.

Kennen Sie das auch? Das Gefühl von Zeitmangel, ein voller Terminkalender, lange Listen im Kopf und das Empfinden, an mehreren Orten gleichzeitig sein zu müssen. Kurz gesagt: Stress!

Dauert Stress zu lange, gesellen sich oft Müdigkeit und Erschöpfung hinzu. Konzentration, Motivation und Energie lassen nach. Die Lebensqualität sinkt, das Glücksgefühl bleibt auf der Strecke. Doch so weit wollen wir es nicht kommen lassen. Strategien für einen guten Umgang mit Stress, die wir im Rahmen eines wirkungsvollen Selbstmanagements in unser Leben einbauen können, sind gefragt. Nicht umsonst gilt Stress in den westlichen Ländern als ein Hauptrisikofaktor für viele Erkrankungen.

Deshalb lade ich Sie ein: Tun Sie sich etwas Gutes! Nehmen Sie sich einen Moment für sich, einen Moment für Ihre Entspannung, um dann mit frischer Kraft weiterzugehen. Zeit, innezuhalten, den eigenen Bedürfnissen und Lebensvisionen nachzuspüren. Zeit, den Kurs zu bestimmen und wieder neu auszurichten. Unser Lavendel, der Meister der Entspannung, kann Ihnen hierbei ein verlässlicher Schutzengel und Wegbegleiter sein.

Fantasiereise in das Reich des Lavendels

Begeben Sie sich mit mir auf eine kleine Entspannungsreise. Wenn Sie möchten, können Sie einen Tropfen Lavendelöl auf ein Taschentuch geben und vor Ihrer Duftreise ein paar Mal daran schnuppern. Oder Sie brühen sich einen duftenden Tee auf. Rezepte dafür finden Sie ab Seite 66. Die Wirkung wird dadurch noch verstärkt.

- Planen Sie ausreichend Zeit ein, damit Sie während Ihres kleinen Entspannungsrituals nicht unter Druck geraten. Schalten Sie Telefon oder Handy, Radio oder Fernseher ab oder auf lautlos.
- Suchen Sie sich für Ihre Entspannungsreise einen ruhigen Platz in Ihrer Wohnung oder in Ihrem Garten, an dem Sie ungestört sind. Bequeme Kleidung unterstützt die Entspannung. Nehmen Sie eine für Sie bequeme und entspannte Sitzposition ein.
- Atmen Sie einmal tief durch.
- Dehnen, recken und strecken Sie sich und gähnen Sie einmal herzhaft.
- Ihre Hände liegen locker auf den Oberschenkeln und Ihre Handflächen sind nach oben gerichtet und leicht geöffnet. Sie spüren den Platz, auf dem Sie sitzen. Wenn es für Sie angenehm ist, dürfen Sie die Augen jetzt schließen, während Sie meiner kleinen Fantasiereise lauschen.

Feierabend.
Zeit nach Hause zu gehen.
Vor Deinem Haus,
ein kleiner weißer Weg aus feinem Kies,
rechts und links davon ragt eine Hecke aus Lavendel empor,
tiefviolett, gut strukturiert, einladend, alt vertraut.

Endlich zu Hause.
Du betrittst den kleinen Kiesweg,
der Kies knirscht sanft unter Deinen Füßen,
Du spürst, wie die Steine Raum für Deinen Fuß schaffen und doch sicheren Halt geben, sanft getragen.

Dein Blick fällt auf den Lavendel,
und versinkt einen Moment im **kraftvollen Violett**,
Bienen und Schmetterlinge umschwirren die Blüten,
emsig, geschäftig,
magisch angezogen vom Nektar des Lavendels
und von seinem heilsamen Duft.

Du nimmst den **Duft des Lavendels** wahr,
atmest ihn tief ein,
der Duft des Lavendels strömt langsam immer tiefer durch Deinen Körper,
fein, heilsam, kraftvoll, aromatisch.

Die **Leichtigkeit** der Schmetterlinge scheint sich auf Dich zu übertragen.
Wenn Du möchtest, schließt Du für einen Moment die Augen.

Eine **Welle der Entspannung** breitet sich in Dir aus.
Die Sorgen und die Last des Tages fallen von Dir ab und fliegen davon wie die Wolken im Wind.
Deine Schultern entspannen sich und fühlen sich mit jedem Atemzug leichter und entspannter an.
Was für ein wundervoller Tag.

Ein **goldener Lichtstrahl** der Sonne fällt auf Deine Seele, liebevoll, wärmend, heilsam.
Er mischt sich mit dem Violett des Lavendels.
Dein Blick fällt wieder auf den Lavendel, auch er erstrahlt im goldenen Licht,
ebenso die Bienen und die Schmetterlinge.

Der Duft des Lavendels erscheint Dir noch einmal intensiver,
wärmt Deine Seele,
Du atmest ihn tief ein.
Welch ein wunderbares Gefühl!
In diesem Moment weißt Du, dass Du dieses Gefühl mit nach Hause tragen kannst.
Ein **Glücksgefühl** durchströmt Deinen Körper.
Wirbel für Wirbel richtest Du Dich ganz und gar auf,
stehst aufrecht und kraftvoll da,
voller Selbstvertrauen.

Du stehst wieder auf dem kleinen Kiesweg vor Deinem Haus.
Rechts und links die kleine Hecke aus Lavendel.
Endlich zu Hause.
Und wenn Du möchtest,
nimmst Du diese Erinnerung als ein wunderbares **Geschenk**, das Dir der Lavendel gemacht hat,
die Erinnerung an die Leichtigkeit und Entspannung,
die Erinnerung an den Duft des Lavendels,
mit in Deinen Alltag.
Der Lavendel als **»Meister der Entspannung«** begleitet auch Dich gerne
auf Deiner ganz persönlichen Reise.

Du wirfst noch einen letzten Blick auf die kleine Lavendelhecke,
dann streckst Du Deine Arme gegen den Himmel,
dehnst, reckst und streckst Dich,
gähnst und atmest noch einmal tief durch.
Du öffnest Deine Augen.
Und bist wieder ganz im HIER und JETZT.

Wenn Ihnen meine kleine Reise gefallen hat, können Sie sie jederzeit wiederholen. Durch die Wiederholung wird die Wirkung noch intensiver. Genießen Sie die inneren Bilder und nehmen Sie die Kraft, die Sie daraus schöpfen, in Ihren Alltag mit.

Wenn Sie im Anschluss an die Entspannungsreise Ihren Tee genießen, spüren Sie doch einfach Ihren Gedanken und Ihren Gefühlen noch ein wenig nach und geben Sie sich ausreichend Raum, um hinterher wieder in den Alltag zurückzukehren.

Bilder Seite 60: Im Einklang mit der Natur:
oben: Findhorn Park, »Work is love in action«. Unten: Cullerne Gardens, Findhorn, 2010
Bild Seite 61: Buddhastatue im Aromagarten der Natur Duft Manufaktur TAOASIS

Lavendel(t)räume – Lavendel-Teatime

Lavendel hat als Teepflanze lange Tradition. Bis in unsere Zeit sind Lavendelblüten in zahlreichen Entspannungstees enthalten. Die Wirkung des Lavendels ist wissenschaftlich anerkannt. Die Kommission E, eine selbstständige, wissenschaftliche Sachverständigenkommission für pflanzliche Arzneimittel, bestätigt eine Wirkung bei Unruhezuständen, Einschlafstörungen und funktionellen Oberbauchbeschwerden, wie nervösem Reizmagen, Roehmheld-Syndrom, Blähungen (Meteorismus) und nervösen Darmbeschwerden. Die Anwendungen des Lavendeltees in der Volksheilkunde gehen noch weit darüber hinaus.

Qualität und Dosierung von Arzneitee

Wer die Heilkraft des Tees für seine Gesundheit nutzen möchte, achtet auf die Qualität.

Für Arzneitees werden die wirksamen Inhaltsstoffe einer Pflanze genau überprüft, sie müssen bestimmte Mindestanforderungen erfüllen, damit eine Heilkraft gewährleistet ist. Zudem gibt es strengere Vorgaben bei der Kontrolle auf Schadstoffe als bei anderen Teequalitäten. Verwenden wir Kräuter aus Bioanbau, haben wir zusätzlich mehr Sicherheit, dass keine Spuren von Pestiziden enthalten sind und die Pflanzen in achtsam bereitetem Boden, im Einklang mit der Natur gewachsen sind.

Wollen wir die Heilkraft der Kräuter nutzen, gilt heute wie vor knapp 500 Jahren die kluge Aussage des Paracelsus (um 1493 – 1541): »Alle Dinge sind Gift, und nichts ist ohne Gift; allein die Dosis macht's, dass ein Ding kein Gift sei.« Wir achten genau auf die Dosierung, nicht zu viel und nicht zu wenig, angepasst an Alter und Sensibilität. Wir bereiten unsere Kräuterschätze exakt nach den Anwendungshinweisen zu, um eine möglichst gute Wirkung zu erzielen.

Teerezepte zu unserem Pflanzenfreund

Gerade am Abend ist ein Tässchen Lavendeltee mit Honig ein wunderbarer Schlummertrunk für Ihren erholsamen Schlaf. Auch tagsüber können wir uns die entspannende, Stress mindernde Wirkung des Lavendeltees zunutze machen.

Ich habe ein paar besondere Rezepte meiner aromatischen Lavendelteeküche für Sie zusammengestellt. Sie haben die Wahl zwischen dem puren Lavendelteegenuss oder einer Kombination mit anderen entspannenden Kräutern. Die Teemischungen eignen sich besonders gut für die kleine Auszeit zwischendurch, zur Entspannung oder am Abend.

Bild links oben: Die Natur ehren und wertschätzen, den Weg des Herzens finden: bei einer Meditation im »Natural Sanctuary«, Findhorn. Unten: Lavendel richtet auf, kraftvoll und aufrecht ragen seine Stängel empor, Cullerne Gardens, Findhorn, 2010.

Sie können Ihre Lieblingsteemischung einfach genießen. Die eigentliche Wirkung eines Heilpflanzentees entfaltet sich jedoch erst durch die wiederholte Einnahme über mehrere Wochen. Wollen wir die entspannende Wirkung des Lavendels nutzen, bietet sich ein kleines Teeritual im Alltag an. Rituale geben unserem Tag Struktur. Sie können uns helfen, loszulassen und unsere Aufmerksamkeit in die gewünschte Richtung zu lenken.

Das kleine Teeritual

Wählen Sie einen günstigen Zeitpunkt, zum Beispiel, wenn die Kinder aus dem Haus sind, wenn Sie von der Arbeit nach Hause kommen oder vor dem Zubettgehen. Nehmen Sie sich mindestens 20 Minuten Zeit. Schalten Sie Computer, Telefon und Fernseher ab. Vielleicht möchten Sie während dieser Zeit eine Entspannungsmusik hören oder einfach die Stille genießen. Wählen Sie Ihre Lieblingstasse und bereiten Sie Ihren Favoriten aus meinen Lavendelteerezepten zu. Suchen Sie sich Ihren Wohlfühlplatz, an dem Sie ungestört sind, im Sommer auf dem Balkon, auf der Terrasse oder im Garten. Bei kühlem Wetter und am Abend in der gemütlichen Sitzecke oder auf der Couch.

Trinken Sie Ihren Tee achtsam, Schluck für Schluck. Nehmen Sie seinen Duft wahr und stellen Sie sich vor, wie er Ihnen hilft, Ihre Gedanken des Alltags loszulassen, und wie sich mit jedem Schluck Gelassenheit, Ruhe und Entspannung in Ihnen ausbreiten. Wenn Sie viel Zeit haben, können Sie das Teeritual mit meiner Fantasiereise verbinden (siehe Seite 61). Sie können die Geschichte lesen, oder Sie nehmen sie auf und lauschen ihr dann mit geschlossenen Augen. Auf diese Weise können Sie tagsüber Kraft schöpfen oder vor dem Zubettgehen den Alltag loslassen und entspannen, sodass Sie leichter in den Schlaf finden.

Lavendeltee á la Kräuterspiralgarten

1 TL getrocknete Lavendelblüten (Lavandula officinalis)
250 ml kochend heißes Wasser
½ TL Rosenhydrolat (aqua rosae damascena)
1 TL Lavendelhonig

- Die Lavendelblüten mit dem Wasser übergießen. 5 Minuten abgedeckt ziehen lassen.
- Die Blüten abseihen und den Tee mit Rosenhydrolat und Honig veredeln.

Tipp

Lavendeltee »Für Herz und Seele«: 1 TL getrocknete Lavendelblüten *(Lavandula officinalis)*, 1 getrocknete Rosenblütenknopse und 1 TL getrocknete Melissenblätter *(Melissa officinalis)* mit 250 ml kochend heißem Wasser übergießen. 10 Minuten ziehen lassen, abseihen und genießen.

Drei-Blüten-Tee Seelensonne

Ich lagere meine Kräuter nicht in Mischungen, sondern einzeln, und mische sie nach Bedarf im Sieb der Teekanne. Die Blätter der Zitronenverbene sind bei mir im Ganzen getrocknet. So bleibt das Aroma möglichst gut erhalten. Ich zerbreche sie erst vor dem Aufgießen mit den Fingern. Beim Zerdrücken duftet es bereits fantastisch nach Zitrone. Die Ringelblumenblüte gebe ich unzerkleinert zu. Es sieht im Teesieb zauberhaft aus ... Auch die Rosenblütenknospen bleiben bei mir ganz.

1 EL getrocknete Zitronenverbenenblätter (Aloysia triphylla, Aloysia citrodora)
1 getrocknete Ringelblumenblüte (Calendula officinalis)
2–3 getrocknete Rosenblütenknospen
1 TL getrocknete Lavendelblüten (Lavandula officinalis)
1 l kochend heißes Wasser
nach Wunsch 1 TL Rosenhydrolat (aqua rosae damascena)

- Die Kräuter in das Sieb der Teekanne geben, mit dem Wasser übergießen. 10 Minuten abgedeckt ziehen lassen. Das Sieb herausnehmen und den Tee genießen. Sie können den Tee variieren, indem Sie nach dem Ziehen Rosenhydrolat zugeben.

Sandmännchen-Tee für Kinder

Im Aromagarten Erlangen zählt der Lavendel bei den Kindern zu den Top drei der beliebtesten Duftpflanzen, neben dem leichten Zitrusaroma der Zitronenmelisse und der weich und frisch duftenden Apfelminze. Viele Erwachsene überrascht das. Meiner Erfahrung nach kommt Lavendeltee mit etwas Honig bei Kindern sehr gut an. Ich bevorzuge den reinen Tee gegenüber Mischungen. Es ist ein wunderbarer Abendtee.

Besonders wichtig finde ich für Kinder, dem Tee einen zauberhaften Namen zu geben, der ihm seine eigene Magie verleiht. Das hat nichts mit Esoterik zu tun. Es ist schlicht ein wenig Psychologie.

½–1 TL getrocknete Lavendelblüten (Lavandula officinalis)
150 ml kochend heißes Wasser
etwas Honig

- Die Blüten mit dem Wasser übergießen. 5 Minuten abgedeckt ziehen lassen.
- Abseihen, mit Honig süßen, schluckweise trinken und genießen.

Tipp Ein Sprühstoß Lavendelhydrolat *(aqua lavandulae officinalis)* auf das Kopfkissen unterstützt eine entspannte Nachtruhe.

VAISON
FIGUES
3,80 le Kg

Lavendel(t)räume – Lavendel-Küchenpraxis

Seit ich mich mit Kräutern und Duftpflanzen befasse, fasziniert mich die Aussage des Hippokrates von Kos (460 – etwa 370 v. Chr.): »Eure Nahrungsmittel sollen eure Heilmittel sein und eure Heilmittel sollen eure Nahrungsmittel sein.« Hippokrates war im antiken Griechenland als Arzt tätig und man könnte ihn als den »Vater der europäischen Heilkunde« bezeichnen. Gesundheit und Phytotherapie beginnen für mich bereits in der Küche, bei der Auswahl meiner Nahrungsmittel und dem Einsatz heilsamer Kräuter und Gewürze.

Auf einer kleinen Tafel im Kloster Oberzell in Würzburg habe ich einmal gelesen: »Heilkräuter haben viele Wirkstoffe. Der Kloster-Kräutergarten ist ein kleines Gesundheitsparadies.« Dieses Gesundheitsparadies der Kräuter kann sich jeder in seinen Garten und auf den Balkon holen. Frische Kräuter mit ihren Wirkstoffen sind wertvolle Bestandteile einer gesunden Ernährung und Bausteine im Selbstmanagement für unsere Gesunderhaltung. Kräuter sind kalorienarm, enthalten wertvolle Vitamine, Mineralstoffe, sekundäre Pflanzenstoffe und verdauungsfördernde Bitterstoffe. Sie verleihen unserem Essen einen feinen, charakteristischen Geschmack und helfen Salz sparen. Geschmacksverstärker sind nicht notwendig.

Lassen sich Sie begeistern von meiner Duft-Lavendelküche

Ich lade Sie ein in meine Duft-Lavendelküche. Ich liebe vegetarische Gerichte, dem Klima zuliebe, aber auch, weil ich sie ganz einfach gerne esse. Ich bin mit Garten und einer Vielfalt an Obst und Gemüse aufgewachsen, eine wunderbare Erfahrung, die ich meinen gartenbegeisterten Eltern verdanke. Meine besondere Vorliebe gilt den vollwertigen Gerichten. Auch wenn Sie bisher wenig Berührung mit Vollwert hatten: Probieren Sie es einfach einmal aus und lassen Sie sich begeistern. Ich wünsche Ihnen viel Freude beim Nachkochen und Genießen.

In meiner Küche verwende ich ausschließlich Bioprodukte, meiner Gesundheit zuliebe und aus Wertschätzung für die Natur. Ich liebe frisches Gemüse und Obst, die möglichst wenig verarbeitet und in der Hauptsaison auch besonders aromatisch sind. Sie enthalten am meisten gesundheitsfördernde Inhaltsstoffe. Am besten sind Gemüse und Obst aus dem eigenen Garten. Wenn das nicht möglich ist, schätze ich vor allem Produkte aus der Region. Manchmal weiche ich von diesen Leitlinien ab, wenn ich ein Lebensmittel besonders gerne esse.

Bild links oben: Mit allen Sinnen wahrnehmen und erfahren: Pflanzenwahrnehmung Muskatellersalbei
unten: Ein sinnliches Erlebnis für Genießer: Markt in Frankreich

Hinweise zu meinen Rezepten

Lavendel: Gewürz mit kräftigem Aroma

Für meine Rezepte verwende ich die Blüten mit Blütenkelchen oder auch die jungen Blättchen und weichen Stängel des Echten Lavendels. Verholzte Pflanzenteile sind für die Lavendelküche nicht geeignet.

Nicht alle Lavendelsorten duften und schmecken gleich. Ich bevorzuge in meiner Küche den Heillavendel *Lavandula officinalis* und die Sorten *Lavandula angustifolia* 'Hidcote Blue' und 'Munstead'. Sie haben sich bewährt. 'Hidcote Blue' hat starke Würzintensität und ein leicht bitteres Aroma.

In Abhängigkeit von Standort, Klima, Wetterverhältnissen und Erntezeitpunkt fällt die Duftintensität der Pflanzen unterschiedlich aus. Daher sind die Mengenangaben zum Lavendel in meinen Rezepten Richtwerte, die Sie auf Ihren Lavendel anpassen können.

Die Lavendelblüten machen in der Küche sowohl frisch als auch getrocknet eine gute Figur. Sie entfalten ein intensives Aroma, sobald sie erwärmt werden oder wenn sie im Gericht gut durchziehen. Dosieren Sie bei neuen Gerichten daher zunächst dezent. Sie können das Rezept später immer noch Ihrem Geschmack anpassen. In meinen Rezepten verwende ich die getrockneten Blüten, wenn es nicht anders vermerkt ist.

Lavendel ist ein guter Partner

Beim Kochen und Backen harmoniert Lavendel besonders gut:

- mit Obst: Erdbeeren, Himbeeren, Aprikosen, Pfirsichen, Mirabellen, Blaubeeren, Feigen, Birnen, Äpfeln, Quitten, Mangos, Zitrusfrüchten
- mit Gemüse: Auberginen, Paprika, Kartoffeln, Süßkartoffeln, Fenchel, Karotten, Tomaten, Hokkaidokürbis
- mit Gewürzen und Kräutern: Tonkabohne, Vanille, Rosmarin, Echter Thymian, Zitronen-Thymian, Orangen-Thymian, Bergbohnenkraut, Rosenblüten, Salbei, Majoran, Schnittlauch
- mit Milchprodukten: Ziegenmilchkäse, Grundlage vieler Nachspeisen sind Lavendelmilch oder Lavendelsahne

Besonderheit Lavendelhonig

Echter Lavendelhonig ist ein Geschenk unserer Honigbienen und schmeckt wunderbar aromatisch. Die meisten Sorten sind cremig und vor allem für das Frühstücksbaguette ein besonderer Genuss.

Für die aromatische Lavendelküche eignet sich am besten der flüssige Wildlavendelhonig in Bioqualität. Bienen sammeln den Nektar des kraftvollen Wildlavendels in den Hochebenen der Provence und bereiten ihn zu Honig auf. Diese Spezialität hat ein wunderbares Aroma. Ich nutze sie daher gerne in meiner duftenden Lavendelküche. Der Preis ist exklusiv ... zur Aromatisierung Ihrer Speisen brauchen Sie aber nur kleine Mengen. Probieren Sie es aus! Es ist ein Genuss der Extraklasse! Etwas kostengünstiger ist die Aromatisierung von regionalem Honig mit Lavendelblüten (siehe Seite 76).

Wichtige Inhaltsstoffe des Lavendels

Wichtige Inhaltsstoffe des Lavendels sind ätherische Öle mit den Hauptbestandteilen Linalool, Linalylacetat, Campher und Cineol. Sie sind verantwortlich für Geschmack, Aroma und typischen Duft sowie – neben anderen Inhaltsstoffen – für die Heilwirkung. Ebenfalls enthaltene Gerbstoffe und Terpene wirken verdauungsfördernd und entkrampfend, Bitterstoffe regen den Fluss der Verdauungssäfte an, zum Beispiel den der Galle. Darüber hinaus enthält Lavendel weitere sekundäre Pflanzenstoffe, zum Beispiel Flavonoide.

Hydrolate in der Küche

Hydrolate oder Pflanzenwässer (siehe Seite 44 und ab Seite 146) brillieren in der Küche vor allem durch ihre Aromen. Hydrolate, die ich in meiner Küche verwende, sind Destillate aus dem entsprechenden Pflanzenmaterial in Bioqualität. Achten Sie hier bitte auf Lebensmittelqualität. Es sollten keine Konservierungsmittel und keine anderen Zusatzstoffe enthalten sein. Hydrolate sind nach dem Anbruch unterschiedlich lange haltbar. Achten Sie beim Umgang mit Ihnen auf Hygiene und lagern Sie Ihre Hydrolate kühl und dunkel bei möglichst gleichbleibender Temperatur.

Tipp

Haltbarkeit von Hydrolaten bei korrekter Lagerung nach Anbruch:

- Rosenhydrolat / Rosenwasser *(aqua rosae, aqua rosae damascena):* etwa 1 Jahr
- Orangenblütenhydrolat / Orangenblütenwasser *(aqua citrus aurantium subspecies amara):* maximal 6 Monate
- Lavendelhydrolat / Lavendelwasser *(aqua lavandulae officinalis):* etwa 1 Jahr

Wichtiges Handwerkszeug

Das Keramikmesser

Ich schneide meine Kräuter gerne mit einem Keramikmesser, sofern keine zu harten Stängel enthalten sind. So ergibt sich nach meinem Empfinden eine feinere Energie. Besonders wichtig ist mir das bei der Herstellung von Heilpflanzenzubereitungen, Kräuteressigen oder Kräutersalz.

Das Holzbrett

Bei der Kräuterverarbeitung bevorzuge ich Handwerkszeug aus Naturmaterialien. Daher arbeite ich auf einem Holzbrett. Sie brauchen keine Sorge zu haben wegen mangelnder Hygiene: Untersuchungen haben gezeigt, dass Schneidebretter aus Holz eine natürliche keimhemmende Wirkung haben.

Reibschalen mit Stößel

In meiner Kräuterküche haben sich unterschiedliche Mörser bewährt.

- Suribachi und Surikogi: Zur Herstellung von Kräutersalz bevorzuge ich eine japanische Reibschale, den Suribachi, mit dem dazugehörigen Stößel, dem Surikogi, zum Zerquetschen. Diese Keramikschale hat eine feine Riffelung, die das Pulverisieren des Kräutersalzes erleichtert. Der Stößel ist aus Holz. Auch Kinder kommen hervorragend mit dem Suribachi zurecht, er ist vergleichsweise leicht. Die Schale kann auch als Servierschale genutzt werden.
- Granit: Reibschalen aus Granit sind schwer. Testen Sie, ob Ihnen der Stößel gut in der Hand liegt. Mit diesem Werkzeug können Sie hervorragend Kraft übertragen. Beim Zerquetschen von Samen und Gewürzen ist es unschlagbar und leicht zu reinigen. Die Reibfläche kann unterschiedlich rau sein. Die rauen Varianten sind weniger gut für ölige Mischungen geeignet.
- Olivenholz: Dieses Holz besitzt eine natürliche Keimhemmung. Es ist zudem widerstandsfähig gegenüber Säuren. Nach der Reinigung empfehle ich, regelmäßig etwas Olivenöl einzureiben, damit das Holz im Laufe der Zeit nicht porös wird. Der Mörser aus Olivenholz ist ein Stück mediterrane Tradition. Er eignet sich sehr gut, um Pesto und Kräutermischungen der Mittelmeerküche herzustellen. Er gibt den Mischungen seine eigene aromatische Note.
- Porzellan: Achten Sie auf Qualität! Vor allem der Stößel darf nicht hohl sein. Ich verwende dieses Werkzeug gerne zum Quetschen von Johanniskraut. Auch weiche Kräuterblätter, wie Bärlauch oder Basilikum, lassen sich damit leicht zu einem Pesto verarbeiten. Im Porzellanmörser kann gut mit Öl gearbeitet werden und er eignet sich zur Herstellung von Pasten.

Die traditionelle Zitrus-Glaspresse

Zum Backen und Kochen verwende ich eine traditionelle Zitruspresse aus Glas. Mit wenig Kraftaufwand ist der Saft aus unterschiedlichen Zitrusfrüchten gewonnen. Die Presse wird nach der Verwendung einfach mit heißem Wasser gespült, und schon ist sie wieder einsatzbereit.

Mehl ist nicht gleich Mehl

Ich backe ausschließlich mit Dinkel der alten Sorte 'Oberkulmer Rotkorn', den ich regional in Bioqualität als Korn und Mehl (Type 630) beziehe. Er hat sich auch im Alltag meiner Naturheilpraxis sehr bewährt und zeichnet sich meiner Erfahrung nach durch eine besonders hohe Verträglichkeit aus, ist jedoch nicht glutenfrei. Bei fachlich nachgewiesener Zöliakie ist er daher nicht geeignet. Ersatzweise können Sie Korn und Mehl in Bioqualität aus Dinkel oder Weizen nutzen. Für meine Rezepte mit Vollkornmehl mahle ich das Getreide fein, direkt vor der Verarbeitung.

Milch und Ei: Bio macht den Unterschied

Milch und Eier kaufe ich in Demeter-Qualität, um eine bestmögliche Tierhaltung zu gewährleisten. Im Vergleich zu konventionellen Milchprodukten enthalten Milchprodukte in hochwertiger Bioqualität bis zu 50 % mehr gesundheitsförderliche ungesättigte Fettsäuren, zum Beispiel Omega-3-Fettsäuren. Studien aus der Schweiz weisen darauf hin, dass Milchprodukte von Kühen mit Hörnern – wie bei Demeter – zudem besser verträglich sind und weniger allergen wirken. Bei gesäuerten Milchprodukten wie Joghurt bevorzuge ich solche, die mit einer Langzeitsäuerung hergestellt wurden. Sie hatten ausreichend Zeit, rechtsdrehende Milchsäure zu bilden, die besonders gut verträglich ist. Milchsäurebakterienkulturen von *Lactobacillus acidophilus* und *Lactobacillus bifidum* unterstützen unser Immunsystem, indem sie unsere Darmflora nähren.

Wertvolle Öle

Hochwertige Speiseöle leisten einen wertvollen Beitrag zur Versorgung unseres Körpers mit gesunden Fettsäuren. Für Gerichte, die hoch erhitzt werden, verwende ich überwiegend speziell hoch erhitzbares Bio-Rapsöl, das sich für diese Verwendung eignet. Salate richte ich meist mit Olivenöl an. Regelmäßig kommen in meiner kalten Küche auch besonders hochwertige Öle, wie Leinöl, Walnussöl oder Kürbiskernöl, zum Einsatz.

Salz und Zucker

In meiner Küche verwende ich ausschließlich unraffiniertes Ursteinsalz ohne Zusatzstoffe und ohne Rieselhilfe. Bei Zucker nehmen Sie bitte die Variante, mit der Sie sich am wohlsten fühlen. Ich nenne in meinen Rezepten normalen Rübenzucker und Roh-Rohrzucker als Varianten.

Rezepte aus meiner duftenden Lavendel-Kräuter-Küche

Lavendel-Basics

Honig spezial

Aromaküche für Feinschmecker

»Honig spezial« ist eine wunderbare Zutat für die Aromaküche, die schnell zubereitet ist: Verwenden Sie für dieses Rezept am besten flüssigen Blütenhonig aus Ihrer Region. Blütenhonig hat ein feines, weiches, leicht blumiges Aroma und passt hervorragend zum Lavendel. Der Honig sollte flüssig sein, damit Sie ihn umrühren können und er später leicht über Ihre duftenden Gerichte fließt. Wenn Sie keinen Honig mögen, können Sie es auch mit Ahornsirup versuchen. Das Rezept funktioniert auch mit getrockneten Lavendelähren.

3 EL flüssiger Blütenhonig
3 frisch aufgeblühte Blütenähren Lavendel

- Pro EL zu aromatisierenden Honigs 1 blühende Lavendelähre ernten. Den Honig in ein kleines Schraubglas füllen und die Lavendelähren mehrere Stunden kopfüber in den Honig hängen. Ab und zu mit den Ähren umrühren. Sie geben ihr Aroma an den Honig ab.

Tipp

Nutzen Sie die Lavendelähren als Honiglöffel: So fließt ein feiner Strahl Ihres Dufthonigs gezielt über Ihr Lieblingsgericht.

Bild links: Kraftvolle Natur – Lavendelanbau in den Hochebenen der Drôme provençale

Mit Lavendelblüten aromatisierter Honig

Geheimtipp für große und kleine Schleckermäuler

Dieser Klassiker schmeckt hervorragend auf dem Sonntagsbaguette oder im Lavendeltee. Nehmen Sie am besten flüssigen Blütenhonig aus der Region, sein Aroma passt gut zum Lavendel. Ich kenne meine Imker persönlich und weiß, wie wertschätzend sie mit ihren Bienen umgehen.

1 EL Lavendelblüten
500 g flüssiger Blütenhonig
1 TL Rosenhydrolat (aqua rosae)

- Die Lavendelblüten unter den Honig mischen. Sollte der Honig zum Teil karamellisiert sein, vorsichtig erwärmen, bis er flüssig ist. Dabei eine Temperatur von 40 °C nicht überschreiten, da ansonsten die wertvollen Inhaltsstoffe zerstört werden. Rosenhydrolat unterrühren.
- Eine Woche ziehen lassen, in dieser Zeit das Glas immer wieder wenden, das heißt auf den Kopf stellen. Anschließend den flüssigen Honig durch ein Sieb geben. Den aromatisierten Honig kühl aufbewahren und innerhalb von vier Wochen verbrauchen. Erfahrungsgemäß wird er zügig vernascht werden.

Lavendelzucker

Für die Gourmetküche

Lavendelzucker ist ein Gourmetzucker, der gering dosiert als Gewürz verwendet wird, ähnlich wie Vanillezucker. Sein Aroma ist sehr fein, ohne die doch etwas herbe Note puren Lavendels. Er verfeinert Desserts, wie Crème brûlée, Obstsalat, Panna cotta und Quarkspeisen, auch Plätzchen, und passt auf Crêpes. Auch Kuchen bekommt mit diesem »Parfum« ein besonderes Aroma: 1 EL ist ausreichend zur Aromatisierung eines klassischen Rührkuchens.

1–2 EL Lavendelblüten
150 g Zucker (Rübenzucker oder Roh-Rohrzucker)

- Lavendelblüten unter den Zucker mischen. Möchten Sie die Blüten später aus dem Zucker entfernen, die Blüten in einen Teebeutel füllen und darin zum Zucker geben.
- Mindestens eine Woche durchziehen lassen, dabei immer wieder verschütteln.
- Die Blüten gegebenenfalls entfernen: Der aromatisierte Zucker ohne Blüten hat ein sehr feines Aroma. Verwenden Sie Blüten und Zucker, erhalten Sie ein kräftigeres Aroma.

Variation

½ Vanilleschote längs aufschlitzen, sodass das Mark offen liegt, und die Schote zum Ansatz geben. Nach zwei Wochen können Sie die Schote entfernen.

Tipp

Beschriften Sie Ihre liebevoll hergestellten Kreationen ausführlich mit Produktname, Datum und vielleicht auch mit dem Namen des Kochs oder der Köchin. Lagern Sie die Produkte dunkel und kühl für eine gute Haltbarkeit. In einem dekorativen Gefäß mit Beschriftung und hübschem Bändchen sind Ihre Kreationen kostbare Geschenke für die Weihnachtszeit und für liebe Freunde.

Bild links: Honigernte bei der »Bamberger Schulbiene«:
Honig für Schleckermäuler – noch warm aus der Bienenwabe schmeckt er am besten.

Bilder folgende Seiten: Das Lavendel-Labyrinth in Kastellaun –
ein Treffpunkt für ein ganzes Dorf und Sinnbild für den Lebenslauf

Lavendel-Himbeer-Vinaigrette

Vinaigrette mit fruchtigem Aroma

Diese fruchtige Lavendel-Vinaigrette passt gut zu Salatvariationen von Feldsalat oder Rucola mit Obst, zum Beispiel zum Pfirsich-Tomaten-Salat (siehe Seite 90).

35 ml naturtrüber Apfelessig
2 EL Wasser
1 EL Lavendelblüten
1 EL Himbeeren
1 TL Lavendelhonig oder Blütenhonig
6 EL Olivenöl

- Apfelessig, Wasser und Lavendelblüten in einem kleinen Topf erhitzen, kurz aufkochen lassen und von der Kochplatte nehmen. Den Lavendelessig 10 Minuten ziehen lassen. Er nimmt während dieser Zeit die Farbe der Lavendelblüten an. Die Blüten abseihen und aufheben. Den Essig abkühlen lassen. Er duftet bereits wunderbar nach Lavendel.
- Die Himbeeren zerdrücken. Lavendelessig, Himbeeren, Honig und Olivenöl mit dem Pürierstab zu einer Vinaigrette mixen oder verschütteln. Die Lavendel-Vinaigrette mit den Lavendelblüten mischen.
- Die fertige Vinaigrette unter den Salat mischen.

Klassische Lavendel-Vinaigrette

Aromatische Vinaigrette für mediterrane Sommersalate

Diese klassische Lavendel-Vinaigrette passt gut zu mediterranen Salatkreationen mit Tomate und Schafskäse oder auch zu herzhaften Variationen mit Rucola oder Feldsalat.

35 ml naturtrüber Apfelessig
2 EL Wasser
1 EL Lavendelblüten
1 TL Senf
1 TL Lavendelhonig oder Blütenhonig
Pfeffer, frisch gemahlen
6 EL Olivenöl

- Apfelessig, Wasser und Lavendelblüten in einem kleinen Topf erhitzen, kurz aufkochen lassen und von der Kochplatte nehmen. Den Lavendelessig 10 Minuten ziehen lassen. Er nimmt während dieser Zeit die Farbe der Lavendelblüten an. Die Blüten abseihen und aufheben. Den Essig abkühlen lassen. Er duftet bereits wunderbar nach Lavendel.
- Lavendelessig, Senf, Honig, Pfeffer und Olivenöl mit dem Pürierstab zu einer Vinaigrette mixen oder verschütteln. Die Lavendel-Vinaigrette mit den Lavendelblüten mischen.
- Die fertige Vinaigrette unter den Salat mischen.

5-Kräuter-Essig á la Kräuterspiralgarten

Der Duft des Sommers für die kalte Jahreszeit

Dieser Essig ist das gewisse Etwas für Salate aus Kartoffeln, Nudeln oder Quinoa und alle anderen Salatkreationen. Ich ernte meine Kräuterschätze an einem sonnigen Tag, wenn bereits ein paar Sonnentage vorausgegangen sind. Die Rosenblüten ernte ich am frühen Morgen, wenn der volle Duft noch in den Blüten eingefangen ist. Alle anderen Kräuter ernte ich am späten Vormittag. Die Salbeiblättchen schneide ich fein mit einem Keramikmesser.

1 EL Salbeiblätter, fein geschnitten
1 EL Rosmarinblättchen, gehackt
1 TL Thymianblättchen, abgerebelt
1 TL Lavendelblüten
1 Rosenblüte, Blütenblätter
(Sorte 'Rose de Resht' oder angenehm duftende, ungespritzte Wildrose)
500 ml naturtrüber Apfelessig

- Die Kräuter, Lavendelblüten und Rosenblütenblätter mischen, in ein Glasgefäß mit Schraubverschluss geben und mit dem Apfelessig auffüllen. Den Verschluss fest zudrehen. Anschließend den Ansatz kräftig schütteln.
- Der Kräuteressig darf zwei Wochen an einem schattigen Platz im Zimmer durchziehen. Dabei den Ansatz immer wieder wenden, sodass keine Kräuter längere Zeit an der Oberfläche sind oder aus dem Ansatz herausragen.
- Dann den Kräuteressig durch ein grobes Sieb schütten und anschließend noch einmal durch ein feines Teesieb filtrieren.
- Den fertigen Essig in ein Glasgefäß abfüllen und verschließen.

Tipp

Achten Sie darauf, dass der Verschluss des Glasgefäßes für Säuren geeignet ist, also keine Reaktion mit der Säure des Essigs möglich ist. Ich verwende Gefäße mit Korkverschluss. Der Essig ist in der Regel etwa ein Jahr haltbar.

Kräutersalz á la Elkes Kräuterspiralgarten

Kräuteraroma für Grillgerichte und Wok-Gemüse

Ein gemörsertes Kräutersalz ist ein Stück Achtsamkeitsübung. Sie stellen eine hocharomatische Verreibung her. Es ist sozusagen der »Ferrari« unter den Kräutersalzen, ein besonderer Kräuterschatz, der viel Liebe und Wertschätzung in sich trägt und sich durch sein feines Aroma auszeichnet. Sehr lecker schmeckt dieses Kräutersalz zu gegrillten Maiskolben und in der mediterranen Küche.

5 Volumen-Teile getrockneter Zitronen-Thymian, abgerebelte Blättchen
3 Volumen-Teile getrockneter Thymian 'Rosenthymian', abgerebelte Blättchen
2 Volumen-Teile getrocknete Salbeiblätter (Salvia officinalis)
2 Volumen-Teile getrockneter Rosmarin, abgerebelte Blättchen
2 Volumen-Teile getrocknete Rosenblütenblätter
(Sorte 'Rose de Resht' oder angenehm duftende, ungespritzte Wildrose)
1 Volumen-Teil Lavendelblüten
grobes Ursteinsalz

- Die Kräuter und Blüten mit den Fingern zerbröseln und mischen. Auch ohne Salz ergibt das eine wunderbar duftende Gewürzmischung!
- Kräutermischung und Salz im Mengenverhältnis 1:1 mischen, also 1 EL Kräutermischung auf 1 EL Salz. In einer Reibschale mit Stößel die Kräuter-Salz-Mischung so lange verreiben, bis ein feines Pulver entstanden ist. Das Aroma ist nun traumhaft und viel feiner als bei verschüttelten Kräuter-Salz-Mischungen. Ich verwende zum Verreiben die japanische Reibschale Suribachi mit dazugehörigem Stößel, dem Surikogi. Der Suribachi eignet sich durch seine raue Oberfläche besonders gut zum Verreiben von Salzmischungen (siehe auch Seite 72).
- Das aromatisch duftende Kräutersalz in ein Glasgefäß mit dicht schließendem Deckel abfüllen, so bleibt der Duft des Sommers bis zur nächsten Kräutersaison bewahrt.

Tipp

Zur Herstellung von Kräutersalz verwende ich ausschließlich getrocknete Kräuter. Die Herstellung von Kräuteressig und Kräutersalz diente früher dazu, Kräuter für den Winter haltbar zu machen. Ich lagere sowohl Kräuteressig als auch Kräutersalz in passenden, dekorativen Gefäßen aus Glas.

Schnittlauch-Lavendel-Butter

Für Baguette oder Vollkornbrot

Perfekt als Beilage zur Suppe, zum Salat oder Grillfest: Die Kräuterbutter auf Vollkornbaguette streichen und pro Baguette einige Kürbiskerne in die Butter drücken. Sehr lecker auch auf selbst gebackenem Vollkornbrot unter dem Spiegelei!

1–2 Knoblauchzehen
Ursteinsalz
½ Bio-Zitrone
250 g weiche Butter
2–3 EL Schnittlauch, fein geschnitten
1 EL Lavendelblüten

- 1 große oder 2 kleine Knoblauchzehen schälen, in feine Würfel schneiden und mit wenig Salz quetschen. Die Zitrone mit warmem Wasser waschen und abtrocknen. Etwas Schale abreiben und 1 TL Saft auspressen. Schalenabrieb, Zitronensaft und Knoblauch zur weichen Butter geben.
- Schnittlauch und die Lavendelblüten zur Butter geben, mit Salz würzen.
- Alle Zutaten gut verrühren. In kleine Kühlformen aus Silikon portionieren oder zur Rolle formen. Die Kräuterbutter vor dem Servieren einige Stunden abgedeckt kühlen.

Tipp

Nehmen Sie die Butter vor dem Mischen rechtzeitig aus der Kühlung und lassen Sie sie bei Raumtemperatur streichfähig werden.

Balsamico-Lavendel-Butter

Für Baguette oder Vollkornbrot

Diese Balsamicobutter serviere ich direkt auf Vollkornbrot oder Vollkornbaguette in kleinen Häppchen. Da die Paprika Wasser zieht, eignet sich diese Butter nicht gut zur Aufbewahrung. Sie schmeckt am besten ganz frisch am Tag der Zubereitung – am besten auf Brot und nicht geschmolzen.

1 kleiner Zweig Rosmarin
1 kleine Schalotte
1 EL rote Paprikaschote, fein gehackt
1 TL Lavendelblüten
1 TL Crema di Aceto balsamico
½–1 TL Lavendelhonig
125 g weiche Butter
Ursteinsalz
Pfeffer, frisch gemahlen

- Den Rosmarinzweig waschen, trockenschütteln und die Blätter fein hacken. Die Schalotte schälen und sehr fein würfeln.
- Rosmarin, Schalotte, Paprika und Lavendelblüten mit Balsamicocreme und Honig zur weichen Butter geben. Mit den Knethaken des Handrührgerätes gründlich mischen, mit Salz und Pfeffer würzen.
- Die Balsamicobutter vor dem Servieren im Kühlschrank abgedeckt fest werden lassen.

Tipp

Nehmen Sie die Butter vor dem Mischen rechtzeitig aus der Kühlung und lassen Sie sie bei Raumtemperatur streichfähig werden.

Getränke mit Lavendel

Prosecco Lavande

Stilvoller Empfang für liebe Gäste

für ein Glas

10 ml Lavendelsirup
100 ml Prosecco Rosé, gekühlt
1 frische Blütenähre Lavendel

- Lavendelsirup in das Sektglas geben, mit kaltem Sekt aufgießen.
- Lavendelähre waschen, abtrocknen und mit den Blüten nach oben in das Sektglas setzen, sodass die Blütenähre herausspitzt. Kühl servieren.

Erdbeerbowle mit Lavendel

Highlight für Ihre Gartenparty im Sommer

Bowle:
250 g Erdbeeren oder Himbeeren
0,7 l Roséwein
1 EL Rosenhydrolat (aqua rosae)
10 frische oder getrocknete Blütenähren Lavendel
0,7 l Prosecco Rosé

Pro Glas:
10 ml Lavendelsirup
100 ml Erdbeerbowle
1 frische Blütenähre Lavendel

- Erdbeeren waschen, putzen und abtrocknen lassen. Je nach Größe halbieren oder vierteln. Himbeeren nur verlesen. Erdbeeren oder Himbeeren mit Wein und Rosenhydrolat übergießen. Die Blütenähren hinzufügen. Den Ansatz umrühren und abgedeckt etwa drei Stunden kühl und dunkel gestellt durchziehen lassen.
- Die Lavendelähren entfernen. Erdbeeren oder Himbeeren herausfischen und pürieren, wieder zum Ansatz geben. Kurz vor dem Servieren mit kaltem Sekt aufgießen.
- Gläser mit Lavendelsirup vorbereiten und mit der kühlen Bowle übergießen. Lavendelähren waschen, abtrocknen und mit den Blüten nach oben in die Gläser setzen. Kühl servieren.

Tipp

Besonders hübsch sieht es aus, wenn die dekorierten Lavendel-Sektgläser vor dem Empfang auf einem kleinen Tablett arrangiert werden.

Variation

Alkoholfreier Aperitif »Lavande Orange« – ein fruchtiges Lavendelvergnügen zur Begrüßung Ihrer Gäste: Pro Glas 10 ml Lavendelsirup mit 50 ml frisch gepresstem Orangensaft, zum Beispiel Halbblutorange, und 50 ml kühlem Mineralwasser mischen. Den »Lavande Orange« serviere ich wie den »Prosecco Lavande« (siehe nebenstehendes Rezept) im Sektglas.

Bild links: Nehmen Sie Platz im Reich der Düfte,
dem Lavendelgarten von Roger Bastin in den Niederlanden!

Kräuterwasser mit Lavendel

Durststiller für heiße Sommertage

Zum Experimentieren für kreative Geister: Entdecken Sie Ihre persönliche Mischung aus Ihren Gartenkräutern. Kräuterwasser mag ich am liebsten ganz frisch. Es ist nicht lange haltbar. Ich trinke es im Laufe des Tages und stelle es immer in den Schatten, nie in die Sonne. Die Kräuter werden anschließend kompostiert.

für eine Wasserkaraffe, Volumen 1 – 1,5 l

2 – 3 Sprühstöße oder 1 TL Rosenhydrolat (aqua rosae)
3 frische Zweige Melisse
3 frische Blütenähren Lavendel
1 frische, duftende und ungespritzte Duftrose, Blütenblätter
1 Bio-Limette oder Bio-Zitrone
Quellwasser, Leitungswasser oder stilles Mineralwasser

- Rosenhydrolat in die saubere Karaffe sprühen.
- Die Kräuterzweige waschen und kopfüber mit Lavendelähren und Rosenblütenblättern in die Karaffe stecken. Die Limette oder Zitrone mit warmem Wasser waschen und abtrocknen. In Scheiben schneiden und in die Karaffe geben.
- Quellwasser aufgießen und im Schatten 30 – 60 Minuten abgedeckt durchziehen lassen. Genießen. Wenn das Wasser getrunken ist, kann die Karaffe mit den Kräutern ein zweites Mal mit Wasser gefüllt werden.

Tipp

Experimentieren erlaubt! Lavendel harmoniert hervorragend mit rosenduftenden und zitrusfrischen Aromen, zum Beispiel von Zitronenverbene oder Zitronen-Thymian. In der Himbeerzeit können Sie noch 5 Himbeeren dazugeben. Lassen Sie sich von Ihren Gartenaromen inspirieren und haben Sie Mut zum Experimentieren!

Vorspeisen mit Lavendel

Karotten-Orangen-Salat mit Lavendel

Einfach himmlisch

Ich liebe diesen Salat! Der Lavendel harmoniert wunderbar mit der Süße der Karotte und mit den fruchtigen Aromen der Orange und Zitrone.

für 2 Portionen

250 g Karotten
1 Orange
3 Blütenähren Lavendel

Dressing:
1 Orange
½ Zitrone
1 TL Lavendelhonig oder Blütenhonig
1 TL Orangenblütenhydrolat (aqua citrus aurantium subspecies amara)

- Für das Dressing Saft der Orange und Zitrone auspressen. Beides mischen und mit Honig und Hydrolat verquirlen.
- Die Karotten putzen und fein raspeln. Die Orange schälen, filetieren und in kleinere Stücke schneiden. Lavendelblüten von den Ähren ablösen und zusammen mit der Orange unter die fein geraspelten Karotten heben.
- Das Dressing gut untermischen. Den Salat im Kühlschrank etwa 1 Stunde durchziehen lassen. Vor dem Servieren noch einmal mischen.

Tipp

Saftig, fruchtig, aromatisch, der Frischekick mit vielen Vitaminen.

Feldsalat mit gegrilltem Ziegenkäse, Walnüssen und Lavendel

Sommerlich leicht

Dazu gegrillte Gemüsespieße und Baguette, in Scheiben geschnitten und auf dem Grill geröstet – und ein leckeres, leichtes und vollwertiges Sommergericht ist perfekt.

für 4 Portionen

300 g Ziegenkäserolle
12 TL Lavendelhonig
1 EL Lavendelblüten
12 ganze Walnüsse
Weinblätter, in Salzlake eingelegt,
oder frische ungespritzte Weinblätter (aus dem Garten)
Rapsöl zum Grillen

Salat:
400 g Feldsalat
2 Äpfel
3 EL Balsamessig
3 EL Walnussöl
2 TL Lavendelhonig oder Blütenhonig
Pfeffer, frisch gemahlen
Ursteinsalz

- Die Ziegenkäserolle in 12 Scheiben schneiden, jeweils 1 – 1,5 cm dick. Lavendelhonig und Lavendelblüten mischen. Die Walnüsse knacken und die Nüsse aus den Schalen lesen.
- Die eingelegten Weinblätter kurz mit Wasser abspülen und mit Rapsöl bestreichen. Jeweils 1 Ziegenkäsescheibe auf ausreichend Weinblätter legen: Dabei so viele Weinblätter überlappend hinlegen, dass der Käse später eingepackt werden kann. (Frische Weinblätter vorher kurz blanchieren, falls sie zäh sind, dann mit etwas Öl bepinseln.)
- Jeweils 1 TL Honig-Blüten-Mischung und etwas von den Walnüssen auf die Käsescheiben geben, sodass sie bedeckt sind. Die Weinblätter über dem Käse mit einem Holzspieß verschließen und die Käsepäckchen in eine Grillschale legen. Den Ziegenkäse 5 – 7 Minuten auf dem heißen Grill erhitzen, bis er weich wird und zu schmelzen beginnt.

Bild rechts: Genau das Richtige für den entspannten Grillabend mit Freunden: Lavendel mit Ziegenkäse auf leckerem Sommersalat

- Den Feldsalat waschen und putzen. Die Äpfel waschen, entkernen und in Würfel schneiden (ich verwende den Apfel mit Schale).
- Aus Balsamessig, Walnussöl und Honig eine Vinaigrette herstellen, mit Pfeffer und Salz würzen. Den Feldsalat und die Apfelwürfel mit der Vinaigrette anrichten.
- Den gegrillten Ziegenkäse vorsichtig aus der Grillschale heben und auf dem Salat anrichten.

Tipp

Alternativ zum Grill können Sie den Ziegenkäse auch im Backofen unter dem Grill des Ofens schmelzen.

Pfirsich-Tomaten-Salat mit Lavendel-Vinaigrette

Herzhaft, frisch, aromatisch

für 2 Portionen

2 Pfirsiche
400 g aromatische Tomaten, zum Beispiel Ochsenherztomaten
100 g Himbeeren
125 g Blauschimmel-Weichkäse, zum Beispiel die Sorte »Blaue Kornblume«
12 frische Blättchen Basilikum
4–5 EL Lavendel-Himbeer-Vinaigrette (siehe Seite 78)

- Die Pfirsiche waschen, entsteinen und würfeln. Die Tomaten waschen, putzen und das Fruchtfleisch ebenfalls würfeln. Die Himbeeren verlesen.
- Den Käse würfeln und das Basilikum in feine Streifen schneiden.
- Pfirsiche, Tomaten und Käse mit Himbeeren, Basilikum und Vinaigrette vermischen und gleich servieren.

Aroma-Tipp

Das herbe Aroma des Basilikums kontrastiert wunderbar mit den fruchtigen Aromen von Pfirsich und Himbeere. Alternativ können Sie eine Handvoll Rucola verwenden.

Bruschetta mit Pfirsich und Tomaten

Fruchtig frisch

Pfirsich und Tomate – eine fruchtig aromatische Kombination, die ich liebe. Besonders wichtig finde ich, dass die Tomaten richtig reif und aromatisch sind.

für 2 Portionen

1 Pfirsich
2 kleine aromatische Tomaten
etwas Mozzarella
5 frische Blättchen Basilikum
1 TL Lavendelblüten
Olivenöl
½–1 EL Balsamessig (je nach Qualität)
Pfeffer, frisch gemahlen
Ursteinsalz
1 Stück Vollkornbaguette, 12–15 cm lang
frische Basilikumblättchen zum Dekorieren
frische Lavendelblättchen zum Dekorieren

- Den Pfirsich waschen, entsteinen und in sehr kleine Würfel schneiden. Dieselbe Menge Tomaten waschen und fein würfeln, ebenso dieselbe Menge Mozzarella würfeln. Die Basilikumblätter waschen und in feine Streifen schneiden.
- Pfirsich, Tomaten, Mozzarella und Basilikum mit Lavendelblüten mischen und mit 1 EL Olivenöl, Balsamessig, Pfeffer und Salz abschmecken.
- Das Baguette in 8–10 Scheiben schneiden, jeweils 1,5 cm dick. Die Scheiben im Toaster knusprig toasten.
- Die Brotscheiben mit etwas Olivenöl beträufeln und mit der fruchtig frischen Pfirsich-Tomaten-Mischung belegen. Mit frischem Basilikum und Lavendel dekorieren.

Feine Fenceltörtchen mit Lavendel

Als Vorspeise, zum Brunch oder zum Picknick

Eine leckere Vorspeise für Gäste oder mit einem Salat serviert, ein leichtes, vollwertiges Hauptgericht.

für 4 Törtchen, Durchmesser etwa 11 cm

Teig:
125 g Dinkel-Vollkornmehl
60 g kalte Butter
2–3 EL Wasser
1 Ei
Ursteinsalz
Butter für die Backförmchen

Belag:
300 g Fenchel (1 große Knolle)
3 Schalotten
etwas Rapsöl
1 EL Lavendelhonig
1 EL Lavendelblüten
40 g Pinienkerne
80 g Frischkäse
80 g saure Sahne
2 Eier
Pfeffer, frisch gemahlen
Ursteinsalz

- Aus Mehl, Butter, Wasser, Ei und etwas Salz einen glatten Knetteig herstellen. Den Teig abgedeckt mindestens 30 Minuten im Kühlschrank kalt stellen. Backofen auf 180 °C (Ober- und Unterhitze) vorheizen.
- Fenchel waschen und in feine Streifen schneiden, Schalotten schälen und sehr fein würfeln. Schalotten in etwas Rapsöl glasig dünsten, Fenchelstreifen und Honig zugeben und etwa 15 Minuten weiterdünsten. Dabei immer wieder wenden. Lavendelblüten unterheben.
- Pinienkerne ohne Fett goldgelb anrösten und unter das Fenchelgemüse heben.

Entspannung und Leichtigkeit: Mit Freunden gemeinsam kochen und die Lavendelküche genießen

- Für den Guss den Frischkäse mit der sauren Sahne und den Eiern verquirlen und mit Pfeffer und Salz würzen.
- Vier ofenfeste Förmchen mit Butter fetten und jeweils mit einem Viertel des Knetteiges auskleiden. Mit einer Gabel den Teig einstechen und 10 Minuten im Ofen vorbacken.
- Das Fenchelgemüse einfüllen, den Guss darüber verteilen und 15–20 Minuten fertig backen. Die Fencheltörtchen abkühlen lassen und lauwarm servieren, damit das Aroma gut zur Geltung kommt.

Aroma-Tipp

Lauwarm serviert, entfaltet sich das Aroma am besten!

Karotten-Orangen-Suppe mit Lavendel

Erinnerung an Frankreich

Das Walnussöl macht dieses Gericht für mich so richtig rund. Zudem enthält es hochwertige Fettsäuren für unsere Gesundheit. Es darf nicht mitgekocht werden, weil diese Fettsäuren hitzeempfindlich sind. Servieren Sie Vollkornbaguette als Beilage zur Suppe.

für 2 Portionen

1 Zwiebel
600 g Karotten
1 EL Olivenöl
10 g Butter
1 gehäufter TL gekörnte Gemüsebrühe
1 EL Lavendelhonig
Pfeffer, frisch gemahlen
Ursteinsalz
500 ml Wasser
1 Orange
1 EL Lavendelblüten
4 ganze Walnüsse
2 TL Walnussöl

- Die Zwiebel schälen und in feine Würfel schneiden. Die Karotten waschen, putzen und in Scheiben schneiden. Das Olivenöl und die Butter im Kochtopf schmelzen und die Zwiebelwürfel 5 Minuten darin glasig dünsten. Die Karottenscheiben zugeben und unter Wenden 5 Minuten andünsten. Die Gemüsebrühe und den Honig zugeben, mit Pfeffer und Salz würzen und durchrühren. Mit dem Wasser aufgießen und 20 Minuten bei geschlossenem Deckel und milder Hitze kochen.
- Währenddessen den Saft der Orange auspressen und die Lavendelblüten zum Saft geben. Die Walnüsse knacken und die Nüsse aus den Schalen lesen.
- Die Suppe vom Herd nehmen und pürieren. Den Orangensaft mit den Lavendelblüten zur Suppe geben, unterrühren und kurz durchziehen lassen. Teller mit Suppe füllen, 1 TL Walnussöl pro Teller darüber träufeln und mit den Walnusskernen dekorieren.

Aroma-Tipp

Anstelle des Walnussöls können Sie auch Haselnussöl verwenden. Dazu passen dann geröstete Haselnussblättchen.

Lavendel märchenhaft-kulinarisch herzhaft

Kartoffeltürmchen mit Lavendel

Festlich, für liebe Gäste

Der Parmesan bindet die Kartoffelscheiben, sodass die Türmchen hervorragend angerichtet werden können. Ich liebe dazu bissfest gegarte Brokkoliröschen mit einer Mandel-Knoblauch-Creme.

für 6 Muffin-Backförmchen, für 2 bis 3 Portionen

Butter für die Muffin-Backförmchen
4–6 Kartoffeln (etwa 700 g)
30 g Butter
30 g Parmesan
1 TL getrockneter Thymian
1 ½ TL Lavendelblüten
Ursteinsalz
Pfeffer, frisch gemahlen

- Den Backofen auf 190 °C (Ober- und Unterhitze) vorheizen. Die Muffin-Backförmchen ausfetten. Die Kartoffeln sollten im Durchmesser etwas kleiner sein als die Muffinförmchen. Die Kartoffeln waschen, schälen und in hauchdünne Scheiben hobeln. Die Butter bei sanfter Hitze flüssig werden lassen. Den Parmesan fein raspeln.
- Flüssige Butter, Parmesan, Thymian, Lavendelblüten, Salz und Pfeffer über die Kartoffelscheiben geben und gut unterheben. Die Kartoffeln sollen gut benetzt sein.
- Die Kartoffelscheiben in die Muffinförmchen stapeln und im Ofen 50–60 Minuten backen, bis die Türmchen eine goldgelbe Farbe haben. Danach in den Förmchen 5–10 Minuten abkühlen lassen, bevor sie auf Tellern anrichtet werden.

Aroma-Tipp

Lavendel und Thymian entfalten beim Erhitzen intensiv ihr Aroma. Sie sind wunderbare Begleiter für unsere Kartoffeln.

Karottentarte mit Lavendel

Fein und aromatisch, super für Ihr Picknick und als Essen to go

für 1 Tarteform, Durchmesser 24 cm

Teig:
200 g Mehl (Dinkel Type 630 oder Weizen Type 550)
100 g kalte Butter
1 Ei
1 Prise Ursteinsalz
Butter für die Tarteform

Belag:
50 g Sonnenblumenkerne
1 rote Zwiebel
800 g Karotten
etwas Rapsöl
1 TL Kurkumapulver
1 TL Thymianblättchen
½ TL Kreuzkümmel, frisch gemörsert
Pfeffer, frisch gemahlen
1 Tasse Wasser
Ursteinsalz
1 ½ TL Lavendelblüten
1 TL flüssiger Wildlavendelhonig
4 Eier
200 g saure Sahne

- Mehl, kalte Butter, Ei und Salz zu einem glatten Teig verkneten und 30 Minuten abgedeckt im Kühlschrank ruhen lassen.
- Die Sonnenblumenkerne in einer Pfanne ohne Fett goldgelb anrösten. Die Zwiebel schälen und fein würfeln. Karotten waschen und in Scheiben schneiden.
- Zwiebel in Rapsöl andünsten, Karotten zugeben. Mit Kurkuma, Thymian, Kreuzkümmel und Pfeffer würzen. Mit dem Wasser ablöschen und die Flüssigkeit einkochen lassen. Dabei öfter umrühren. Die Karotten sollten noch bissfest sein. Mit Salz abschmecken. Lavendelblüten und Lavendelhonig unterheben.

Entspannung im Alltag: Besonders beliebt ist in Frankreich das Picknick am Fluss – die Füße baumeln lassen, den Fluss des kühlen Wassers genießen und bei Baguette, selbst gebackener Tarte, Käse, Oliven und Obst entspannen

- Den Backofen auf 180 °C (Umluft) vorheizen. Die Tarteform mit Butter ausstreichen. Den Teig in der Tarteform ausrollen und die Form auch am Rand mit Teig auskleiden. Karottengemüse und Sonnenblumenkerne mischen und auf dem Teig in der Form verteilen. Eier und saure Sahne verquirlen und als Guss über dem Gemüse verteilen.
- Die Tarte im Backofen 30 Minuten backen.

Aroma-Tipp

Dieses Gericht schmeckt auch lauwarm richtig lecker.

Ofen-Süsskartoffeln mit Aprikosen und Lavendel

Einfach lecker

für 2 bis 3 Portionen

2 große Süßkartoffeln (350–400 g)
etwas Rapsöl
20 g Pinienkerne
4 Aprikosen
2 Kugeln Mozzarella
1–2 EL Sahne
½ TL Zimt
3 TL Lavendelblüten
Pfeffer, frisch gemahlen

- Den Backofen auf 160 °C (Umluft) vorheizen. Die Süßkartoffeln mit der Gemüsebürste abbürsten, quer und längs halbieren, mit wenig Rapsöl beträufeln und mit den größeren Schnittflächen nach unten in eine Auflaufform legen. Im Backofen etwa 45 Minuten backen.
- Währenddessen die Pinienkerne ohne Fett in einer kleinen Pfanne goldbraun rösten, bis es fein duftet. Die Aprikosen waschen und entsteinen. Den Mozzarella und die Aprikosen in Würfel schneiden.
- Testen, ob die Kartoffeln weich sind. Falls sie noch zu fest sind, 10 weitere Minuten im Backofen garen (die Süßkartoffeln sind gar, wenn sich das Fruchtfleisch leicht mit dem Teelöffel aus der Schale herauslösen und mit einer Gabel zerdrücken lässt). Die Süßkartoffeln bis auf einen 0,5–1 cm breiten Rand aushöhlen. Das herausgelöffelte Süßkartoffelinnere mit einer Gabel zerdrücken.
- Das Püree mit gewürfelten Aprikosen und Mozzarellawürfeln, Sahne, gerösteten Pinienkernen, Zimt und Lavendelblüten mischen. Mit Pfeffer abschmecken.
- Diese Mischung in die ausgehöhlten Süßkartoffelhälften füllen. Die gefüllten Süßkartoffel-Boote im Backofen bei 160 °C (Umluft) 15 Minuten überbacken.

Gebratenes Fenchelgemüse mit Lavendel

Fenchel in zwei Variationen

Sie haben die Wahl: vollwertig gehaltvoll oder raffiniert aromatisch.

für 2 bis 3 Portionen

4–5 ganze Walnüsse
1 EL Lavendelhonig zum Karamellisieren
2 Fenchelknollen
etwas Rapsöl
Ursteinsalz
Pfeffer, frisch gemahlen
Chiliflocken, frisch gemahlen
1 ½ TL Lavendelblüten
1 ½ TL Lavendelhonig

- Die Walnüsse knacken und die Nüsse aus den Schalen lesen. Die Nüsse hacken und in einer Pfanne mit dem Honig karamellisieren. Zur Seite stellen.
- Die Fenchelknollen waschen, die Stielansätze wegschneiden. Das Fenchelgrün abschneiden und beiseitelegen. Die Fenchelknollen halbieren und etwa 5 Minuten in kochendem Wasser blanchieren.
- Die Strünke aus den etwas abgekühlten Fenchelhälften herausschneiden und den Fenchel in Streifen schneiden. Den Fenchel etwa 5 Minuten in etwas Rapsöl bissfest dünsten, mit Salz, Pfeffer und Chiliflocken würzen. Die Lavendelblüten und den Lavendelhonig zugeben und alles noch einmal kurz heiß rühren.
- Das Fenchelgrün fein hacken und kurz vor dem Servieren unterheben.
- Das Fenchelgemüse mit den karamellisierten Walnüssen servieren.

Raffiniert aromatische Variante

Bitte die Chiliflocken der Grundzubereitung weglassen. 1 Bio-Orange mit warmem Wasser waschen, abtrocknen und die Schale dünn abreiben. Den Saft der Orange auspressen. Die abgeriebene Orangenschale mit den Lavendelblüten und dem Lavendelhonig zum Fenchel geben. Das heiße Fenchelgemüse in der Pfanne mit dem Saft der Orange und 1 EL Orangenblütenhydrolat *(aqua citrus aurantium subspecies amara)* ablöschen und mit dem gehackten Fenchelgrün servieren.

Birnen-Ziegenkäse-Flammkuchen mit Lavendel

Schnelle Küche für Schleckermäuler

Fein, aromatisch, herzhaft, süß: mit einem Glas Weißwein (Pinot) serviert und einer Kerze auf dem Tisch ein zauberhaftes Abendessen!

für 1 Backblech, 30 × 40 cm

Teig:
250 g Mehl (Dinkel Type 630 oder Weizen Type 550)
½ TL Ursteinsalz
21 g frische Hefe (½ Würfel)
1 TL Zucker (Rübenzucker oder Roh-Rohrzucker)
125 ml lauwarmes Wasser
2–3 EL Rapsöl
Rapsöl für das Backblech

Belag:
2 rote Zwiebeln
2 Birnen, zum Beispiel Williams Christ
200 g milder, cremiger Ziegenkäse in der Rolle oder Ziegenfrischkäse
200 g Schmand
Ursteinsalz
Pfeffer, frisch gemahlen
1 ½ TL Lavendelblüten
1 Handvoll Walnüsse, frisch gehackt
2 EL flüssiger Wildlavendelhonig

- Mehl und Salz in eine Schüssel geben. In einer Mehlmulde Hefe und Zucker mit wenig lauwarmem Wasser verrühren, die Schüssel abdecken und diesen Vorteig an einem warmen Ort 20 Minuten gehen lassen. Das restliche Mehl mit dem Vorteig, dem restlichen Wasser und dem Öl zu einem glatten Teig verkneten und zugedeckt 30 weitere Minuten an einem warmen Ort gehen lassen.
- Die Zwiebeln schälen und in sehr feine Ringe schneiden. Die Birnen waschen, vierteln, die Kerngehäuse entfernen und die Birnen in schmale Spalten schneiden. Den Ziegenkäse in dünne Scheiben schneiden.

- Den Backofen auf 225 °C (Umluft) vorheizen. Ein Backblech mit Öl bestreichen.
- Den Hefeteig durchkneten und auf dem Backblech ausrollen. Schmand mit Salz und Pfeffer würzen und auf den Teig streichen. Zwiebelringe, Birnenspalten, Lavendelblüten, Ziegenkäse und Walnüsse auf dem Teig verteilen.
- Den Flammkuchen im Backofen 14 Minuten backen.
- Den Lavendelhonig in dünnem Faden über den fertig gebackenen Flammkuchen fließen lassen.

Aroma-Tipp

Wenn Sie keinen Wildlavendelhonig zur Hand haben, können Sie auch flüssigen Blütenhonig aus der Region verwenden, den Sie mit Lavendelblüten aromatisiert haben (siehe Seite 76). Anstelle der gehackten Walnüsse können Sie geröstete Pinienkerne verwenden. Manchmal sind Walnüsse aus regionaler Ernte erhältlich.

Variation

Ebenso lecker schmeckt der Flammkuchen mit einem **Feigen-Ziegenkäse-Belag.**
Dafür 4 rote Zwiebeln schälen und in sehr feine Ringe schneiden. 6 frische Feigen waschen, die Stiele und ganz flach die Böden abschneiden, das Restliche der Feigen mit Schale in dünne Scheiben schneiden. 150 g milden, cremigen Ziegenkäse in der Rolle oder Ziegenfrischkäse in kleine Würfel schneiden. 1 Handvoll Pinienkerne in der Pfanne ohne Fett hellbraun anrösten.
200 g Schmand auf den Teig streichen. Zwiebelringe, Feigen, 1 ½ TL Lavendelblüten, Ziegenkäse und Pinienkerne darauf verteilen. Backen wie im Rezept oben beschrieben und den fertig gebackenen Flammkuchen mit Lavendelhonig verfeinern.

Mediterrane Gemüsepfanne mit Lavendel

Erinnerung an den Süden

Für den kleinen Hunger passt als Beilage prima Vollkornbaguette.
Ein vollwertiges Hauptgericht entsteht mit Vollkorn-Dinkel-Fusilli und geraspeltem Parmesan.

für 2 Portionen

1 Zwiebel
etwas Rapsöl
1–2 Knoblauchzehen
1 Aubergine
70 g doppelt konzentriertes Tomatenmark
1 TL gekörnte Gemüsebrühe
etwa 125 ml Wasser
1 große rote Paprikaschote
1 große gelbe Paprikaschote
1 große aromatische Tomate, zum Beispiel Ochsenherztomate
1 TL Chiliflocken, frisch gemahlen
1 ½ TL getrockneter Thymian
1 ½ TL Lavendelblüten
Pfeffer, frisch gemahlen
1 TL Lavendelhonig
Ursteinsalz

- Die Zwiebel schälen, fein würfeln und im Rapsöl andünsten.
- Eine große oder zwei mittelgroße Knoblauchzehen schälen und fein würfeln. Die Aubergine waschen und den Stielansatz abschneiden. Die Aubergine schälen (siehe Tipp), fein würfeln und mit den Knoblauchwürfeln zur Zwiebel in die Pfanne geben. Unter beständigem Rühren andünsten. Eventuell etwas Rapsöl zugeben, da Aubergine das Öl gerne aufsaugt.
- 5 Minuten rösten. Dann das Tomatenmark zugeben und nochmals alles kurz rösten. Die gekörnte Gemüsebrühe und das Wasser angießen. Das Gemüse 10 Minuten köcheln lassen. Dabei immer wieder umrühren.

Im Garten der Sinne von Roger Bastin in den Niederlanden. Unterschiedliche Sorten an Lavendel, Lavandin und Kräutern bieten ein Fest für Insekten und Schmetterlinge.

- In der Zwischenzeit die Paprikaschoten waschen, putzen und das Fruchtfleisch in feine Würfel schneiden. Die Paprikawürfel zu dem Gemüse geben. Nochmals ein wenig Wasser angießen, sodass die Gemüsewürfel knapp bedeckt sind. Weitere 10 Minuten köcheln.
- Die Tomate waschen, den grünen Ansatz entfernen, Tomate würfeln und zugeben. Mit Chiliflocken, Thymian, Lavendelblüten und Pfeffer würzen. Kurz aufkochen und 5 Minuten ziehen lassen. Mit Honig und Salz abschmecken und genießen.

Aroma-Tipp

Die Aubergine wird bewusst geschält: Sie bildet den cremigen Hintergrund vor den knackigen Paprika-Gemüsewürfeln.

Mediterrane Paprika-Tomaten-Sauce

Herzhafte Füllung für Crêpes

Kindern bereitet es im Aromagarten sehr viel Freude, als kleine Naturforscher die Vielfalt der Farben, Düfte und den Geschmack der essbaren Kräuter zu entdecken. Die Namen der zu erforschenden Kräuter verrate ich erst einmal nicht und die Kinder dürfen ihr Kraut selbst benennen. Oregano erhielt den Namen »Pfefferkraut«. Eine sehr treffende Bezeichnung, wie ich finde.

für 2 Portionen

1 Zwiebel
etwas Rapsöl
1 rote Paprikaschote
1 orangefarbige Paprikaschote
600 g aromatische Tomaten oder 1 Dose gewürfelte Tomaten (400 g)
1 ½ TL Lavendelblüten
1 ½ TL Oreganoblüten
1 TL Chiliflocken, frisch gemahlen
1 Msp Zimt
1 TL Lavendelhonig
Pfeffer, frisch gemahlen
Ursteinsalz

- Die Zwiebel schälen, fein würfeln und in einer Pfanne im Rapsöl andünsten.
- Die Paprikaschoten waschen, putzen und in feine Würfel schneiden. Die Tomaten waschen, grüne Ansätze entfernen und die Tomaten würfeln.
- Die Paprikawürfel zur Zwiebel geben und 5 Minuten dünsten. Tomatenwürfel, Lavendelblüten, Oreganoblüten, Chiliflocken und Zimt sowie Honig zugeben, mit Pfeffer und Salz abschmecken und noch einmal 5 Minuten leicht köcheln lassen. Dazu passen herzhafte Crêpes aus Vollkornmehl.

Aroma-Tipp

Die herzhafte Tomaten-Paprika-Sauce passt hervorragend zu gefüllten Zucchini, zu gefüllten Auberginen oder gefüllten Pilzen.

Orangen-Paprika-Gemüse mit Lavendel

Gelber Sonnenschein

Als Beilage für die Grillparty!

für 4 Portionen als Beilage

2–4 Schalotten
1 Knoblauchzehe
etwas Rapsöl
4 gelbe Paprikaschoten
2 Orangen
1 ½ TL gekörnte Gemüsebrühe
Ursteinsalz
Pfeffer, frisch gemahlen
1 EL Lavendelblüten
1 EL Lavendelhonig

- Die Schalotten und die Knoblauchzehe schälen, fein würfeln und in einer Pfanne im Rapsöl andünsten. Die Paprikaschoten waschen, putzen und in 0,5 cm dicke Streifen schneiden. Die Paprikastreifen zu den Zwiebeln geben und kurz dünsten.
- Den Saft der Orangen auspressen. Das Paprikagemüse mit dem Orangensaft angießen und mit gekörnter Gemüsebrühe, Salz und Pfeffer würzen. 10 Minuten dünsten. Dabei ab und zu umrühren.
- Lavendelblüten und Lavendelhonig zugeben, kurz aufkochen und 10 Minuten ziehen lassen.

Aroma-Tipp

Das Paprikagemüse passt gut zu Bratlingen aus Hirse oder Quinoa.
Es schmeckt auch lecker als Füllung für Crêpes.

Vollwertiger Tomatenkuchen mit Schnittlauch und Lavendel

Vollwertig lecker

für 1 Backblech, 30 × 40 cm

Teig:
250 g Vollkornmehl (Dinkel oder Weizen)
250 g kalte Butter
200 g Magerquark
½ TL Ursteinsalz
2 TL Weinstein-Backpulver
Butter für das Backblech

Belag:
500 g feste Tomaten
2 Zwiebeln
2 Knoblauchzehen
200 g Gouda
Ursteinsalz
Pfeffer, frisch gemahlen
3 EL Schnittlauch, fein geschnitten
1 – 1 ½ EL Lavendelblüten
200 g saure Sahne

- Aus Mehl, Butter, Quark, Salz und Backpulver einen Knetteig herstellen. Den Teig abgedeckt 2 Stunden kalt stellen. Ein Backblech mit Butter bestreichen. Den kalten Teig auf dem Backblech ausrollen. Den Backofen auf 200 °C (Ober- und Unterhitze) vorheizen.
- Die Tomaten waschen und in 1 cm dicke Scheiben schneiden. Die Scheiben auf dem Teigboden verteilen. Die Zwiebeln und den Knoblauch schälen und fein hacken. Den Gouda grob reiben. Zwiebeln und Knoblauch mit dem Gouda mischen, mit Salz und Pfeffer würzen. Schnittlauch und Lavendelblüten untermischen und die Hälfte der sauren Sahne darunterheben. Die Masse auf den Tomaten verteilen.
- Den Tomatenkuchen im Backofen 45 Minuten backen.
- Zum Servieren in Stücke schneiden und die restliche saure Sahne darauf verteilen.

Tipp

Bitte für dieses Gericht eine wenig saftende, feste Tomatensorte verwenden!

Lavendelgnocchi

Einfach italienisch

für 2 Portionen

400 g mehligkochende Kartoffeln
1 Eigelb
1 EL Butter, zerlassen
120 g Mehl (Dinkel Type 630 oder Weizen Type 550)
1 EL Lavendelblüten
1 Prise Muskatnuss, frisch gerieben
Ursteinsalz
Mehl für die Arbeitsfläche
2–3 EL Butter und Olivenöl
Parmesan, frisch gerieben

- Die Kartoffeln gründlich waschen und knapp mit Wasser bedeckt weich garen. Die gegarten Kartoffeln abtropfen lassen und schälen, durch die Kartoffelpresse geben oder mit dem Kartoffelstampfer zerdrücken.
- Das Eigelb und die zerlassene Butter in die noch heiße Kartoffelmasse einarbeiten. Die Kartoffelmasse darf nun auskühlen.
- Mehl, Lavendelblüten, Muskatnuss und Salz unter die Kartoffelmasse kneten. Den Kartoffelteig auf der bemehlten Arbeitsfläche zu 2 cm dicken Teigsträngen rollen. Die Stränge in etwa 2 cm lange Stücke schneiden, mit den Händen kleine, ovale Teigbällchen daraus formen und mit einer Gabel Rillen eindrücken.
- Die Gnocchi portionsweise in leicht kochendem Wasser mit etwas Salz garen, bis sie nach oben steigen. Sobald sie oben schwimmen, sind sie gar und werden mit einem Schaumlöffel aus dem Wasser genommen. Die Gnocchi in einer Schüssel sammeln.
- In einer Pfanne die Mischung aus Butter und Olivenöl schmelzen und die Gnocchi darin goldbraun anbraten. Vorsichtig wenden!
- Mit geriebenem Parmesan und ein wenig Butter-Öl-Mischung aus der Pfanne servieren.

Aroma-Tipp

Mit Parmesan und Butter serviert, kommt das Lavendelaroma am besten zur Geltung.

Kürbisgnocchi mit Walnuss-Honig-Butter und Lavendel

Aus meiner Glücksküche

für 2 Portionen

Gnocchi:
400 g Hokkaido-Kürbis (½ kleiner Hokkaido)
etwas Olivenöl
200 g mehligkochende Kartoffeln
1 Eigelb
50 g Mehl (Dinkel Type 630 oder Weizen Type 550)
35 g Parmesan, frisch gerieben
1 Prise Muskatnuss, frisch gerieben
1 Prise Cayennepfeffer
Ursteinsalz
eventuell 30 g Semmelbrösel
Mehl für die Arbeitsfläche

Walnuss-Honig-Butter:
8 ganze Walnüsse
3 EL Butter
2 EL Lavendelhonig
1 EL Lavendelblüten

- Den Backofen auf 200 °C (Ober- und Unterhitze) vorheizen. Den Hokkaido gründlich waschen, abtrocknen, schälen, Kerne entfernen und den Kürbis in Spalten schneiden. Die Hokkaidospalten im Backofen in einer abgedeckten Auflaufform mit wenig Olivenöl 50–60 Minuten weich garen.
- Die Kartoffeln waschen, knapp mit Wasser bedeckt weich garen. Die gegarten Kartoffeln schälen. Den weichen Hokkaido und die Kartoffeln durch eine Kartoffelpresse geben oder mit einem Kartoffelstampfer zerdrücken. Eigelb, Mehl und Parmesan zugeben, mit Muskat, Cayennepfeffer und Salz würzen und zu einem Teig verkneten. Falls der Teig zu weich ist, 1–2 EL Semmelbrösel unterkneten, bis er die gewünschte Konsistenz hat und sich gut bearbeiten lässt. Normalerweise lässt er sich bereits ohne Semmelbrösel prima formen.
- Den Kürbis-Kartoffel-Teig auf der bemehlten Arbeitsfläche zu 2 cm dicken Teigsträngen rollen. Die Stränge in etwa 2 cm lange Stücke schneiden, mit den Händen kleine, ovale Teigbällchen daraus formen und mit einer Gabel Rillen eindrücken.
- Die Gnocchi etwa 5 Minuten in leicht kochendem Wasser mit etwas Salz garen, bis sie oben schwimmen. Mit einem Schaumlöffel aus dem Wasser heben. Die fertig gegarten Gnocchi in einer Schüssel sammeln.
- Die Walnüsse knacken, aus den Schalen lesen und hacken. In einer Pfanne die Butter zerlassen. Den Honig zugeben und schmelzen lassen. Die Walnüsse und die Lavendelblüten zugeben und ein paar Minuten in der Honigbutter aromatisieren.
- Die Gnocchi in der Walnuss-Honig-Butter schwenken und ein paar Minuten von allen Seiten aromatisieren. Die Gnocchi auf Tellern anrichten und die Honigbutter mit einem Löffel darüber verteilen.

Bild links: Garten der Artenvielfalt von Roger Bastin:
Der Lavendel steht bewusst in der Nähe der Bienenbeuten,
die sich im Unterstand unter dem begrünten Dach befinden.

Nachspeisen mit Lavendel

Süsser Himbeertraum

Schnelle Küche für Schleckermäuler

Leicht, fruchtig, lecker, aromatisch und besonders schnell zubereitet! Anstelle der Himbeeren können Sie diese Nachspeise auch mit Pfirsichen, Aprikosen oder Mirabellen zubereiten.

für eine Portion

100 g Himbeeren
1 TL flüssiger Wildlavendelhonig
2–3 EL cremiger Joghurt (Langzeitfermentierung)
Lavendelblüten

- Die frischen Himbeeren verlesen.
- Lavendelhonig über die Himbeeren laufen lassen.
- Joghurt darumfließen lassen. Nicht umrühren!
- Mit Lavendelblüten dekorieren.

Aroma-Tipp

Sie können das leckere Gericht mit einem Topping aus einigen Blättchen Zitronenthymian oder mit 3 zerbröselten Amarettini verfeinern.

Feigen in Gewürzsirup zu Vanilleeis

Schmelzend aromatisch

für 4 Portionen

1 Zitrone
150 g Lavendelhonig
200 ml Wasser
½ Vanilleschote
½ kleine Zimtstange
12 schwarze Pfefferkörner
1 ½ TL Lavendelblüten
12 frische Feigen
Butter für die Auflaufform
Vanilleeis

- Den Backofen auf 225 °C (Ober- und Unterhitze) vorheizen.
- Den Saft der Zitrone auspressen. Lavendelhonig mit Zitronensaft und Wasser aufkochen. Das Mark der Vanilleschote auskratzen. Die Zimtstange, die Pfefferkörner und die Vanilleschote mit dem herausgekratzten Mark zum Honigwasser geben. Bei mittlerer Temperatur zu einem Sirup einkochen.
- Den Sirup von der Kochplatte nehmen, die Lavendelblüten unterrühren und 5 Minuten ziehen lassen. Die Zimtstange, die Vanilleschote und die Pfefferkörner entfernen.
- Die Feigen waschen, abtrocknen, halbieren und in eine gebutterte Auflaufform setzen. Mit dem Gewürzsirup beträufeln und im Backofen 10 Minuten überbacken.
- Teller mit Vanilleeis anrichten und die überbackenen Feigen dazusetzen. Die Feigen mit dem Gewürzsud übergießen und sofort servieren.

Tipp

Bei gebackenen Feigen können die Schalen mitgegessen werden.

Gefüllte Feigen mit Ziegenkäse und Lavendelhonig

Leckerer Abschluss für Ihr Menü

Mittlerweile gibt es Feigen-Züchtungen, die auch bei uns in geschützten Lagen winterhart sind. Die Früchte sind oft ein wenig kleiner als Feigen aus mediterranen Ländern. In diesem Fall können ruhig drei kleine Feigen pro Person gefüllt werden, die angegebene Füllung reicht dafür aus.

für 2 Portionen

4 frische Feigen
Butter für die Auflaufform
2 EL Pinienkerne
100 g Ziegenfrischkäse
1 ½ EL Lavendelhonig
1 gehäufter TL Lavendelblüten
Pfeffer, frisch gemahlen

- Den Backofen auf 220 °C (Ober- und Unterhitze) vorheizen. Die Feigen waschen, abtrocknen und kreuzweise tief einschneiden, etwas auseinanderdrücken und in eine gebutterte Auflaufform setzen. Die Pinienkerne ohne Fett goldbraun anrösten und grob hacken.
- Den Ziegenfrischkäse mit 1 TL Lavendelhonig, den Lavendelblüten und den gehackten Pinienkernen mischen. Die Feigen mit der Mischung füllen.
- Am Backofen den Grill zuschalten und die gefüllten Feigen 6 – 10 Minuten übergrillen, bis der Käse geschmolzen ist. 5 Minuten abkühlen lassen.
- Die Feigen auf Tellern anrichten, etwas Lavendelhonig darüberfließen lassen und mit frisch gemahlenem Pfeffer würzen.

Aroma-Tipp

Anstelle der Pinienkerne können Sie auch zerbrochene Walnusskerne nutzen.

Pannacotta mit Lavendel und Rosmarin

Der Duft Italiens

Ein besonderer Serviertipp: die Pannacotta in kleine Gläser füllen und während des Kaltwerdens schräg stellen. Vor dem Servieren Obst über die schräg stehende Pannacotta ins Glas geben.

für 4 Portionen

400 ml Sahne
100 ml Milch
50 g Zucker (Rübenzucker oder Roh-Rohrzucker)
1 ½ TL Lavendelblüten
1 Zweig Rosmarin
1 TL Rosenhydrolat (aqua rosae)
1 TL Agar-Agar

- Milch und Sahne mit Zucker, Lavendelblüten, Rosmarinzweig und Agar-Agar unter Rühren zum Kochen bringen. 2 Minuten kochen, vom Herd nehmen. Durch ein Sieb gießen und ein paar Minuten abkühlen lassen, dabei immer wieder einmal umrühren. Das Rosenhydrolat unterrühren.
- Die Masse noch heiß in kleine Schalen oder Tassen füllen. Im Kühlschrank mindestens 3 Stunden abkühlen und fest werden lassen.
- Zum Servieren auf kleine Teller stürzen.

Aroma-Tipp

Sehr lecker mit heißen Himbeeren oder auch mit Erdbeeren.

Lavendel-Crème-brûlée

Ein himmlisches Vergnügen

Dieses im wahrsten Sinne des Wortes himmlische Vergnügen ist der perfekte Abschluss für ein festliches Menü oder für besondere Gäste.

für 4 Portionen

½ Vanilleschote
180 ml Sahne
180 ml Milch
40 g Zucker (Rübenzucker oder Roh-Rohrzucker)
1 ½ TL Lavendelblüten
2 TL Rosenhydrolat (aqua rosae)
4 Eigelb
2 EL brauner Zucker oder Lavendelzucker (siehe Seite 77)

- Den Backofen auf 150 °C (Ober- und Unterhitze) vorheizen. Das Mark der Vanilleschote herauskratzen. Sahne und Milch mit 20 g Zucker, der Vanilleschote, dem herausgekratzten Mark und den Lavendelblüten kurz aufkochen lassen. Vom Herd nehmen und 15 Minuten ziehen lassen. Durch ein Sieb gießen, sodass Vanilleschote und Blüten entfernt werden.
- 20 g Zucker mit den Eigelben cremig verrühren und langsam unter die heiße Milchsahne rühren. Noch einmal durch ein feines Sieb geben. Rosenhydrolat unterrühren.
- In hitzebeständige Förmchen füllen. Dabei bitte darauf achten, dass möglichst wenig Luftblasen entstehen. Die Förmchen auf einem tiefen Backblech auf der mittleren Schiene in den vorgeheizten Ofen schieben. Das Blech mit heißem Wasser aufgießen, sodass die Förmchen zu einem Drittel ihrer Höhe im Wasserbad stehen, und etwa 50 Minuten backen.
- Die Förmchen aus dem Wasserbad nehmen und auf einem Gitter abkühlen lassen. Die Nachspeise mindestens 4 Stunden, noch besser über Nacht in den Kühlschrank stellen.
- Kurz vor dem Servieren den braunen Zucker oder Lavendelzucker aufstreuen und unter dem Grill im Backofen goldbraun karamellisieren – das geht sehr schnell: Ich bleibe hier immer dabei, um den perfekten Zeitpunkt abzupassen. Die Förmchen werden oft sehr schnell heiß, ich serviere sie daher gerne auf einer kleinen Holzplatte.

Aroma-Tipp

Rosenhydrolat, Vanille, Lavendel und der karamellisierte Lavendelzucker für Harmonie in Perfektion.

Joghurt-Honig-Lavendel-Eis mit Blaubeeren

Sommerfrisch

Das Joghurt-Honig-Eis mit Lavendel ist schön cremig. Ich mag es gerne, wenn dieses Eis richtig nach gefrorenem Joghurt schmeckt und sich mit dem Fruchtaroma ergänzt.

für 4 Portionen

½ Vanilleschote
1 ½ TL Lavendelblüten
150 ml Sahne
60 g Lavendelhonig
300 g Joghurt
8 EL Blaubeeren oder Heidelbeeren

- Das Mark der Vanilleschote herauskratzen. Die Vanilleschote mit dem herausgekratzten Mark und den Lavendelblüten zur Sahne geben. Die Sahne aufkochen, von der Kochstelle nehmen und 15 Minuten ziehen lassen.
- Die Sahne durch ein Sieb streichen und den Honig in die noch warme Gewürzsahne rühren. Abkühlen und im Kühlschrank kalt werden lassen.
- Den Joghurt mit dem Rührbesen unter die kalte Gewürzsahne heben.
- In einer Eismaschine 15–20 Minuten kalt rühren lassen.
- Das Eis mit frischen Blaubeeren oder Heidelbeeren servieren.

Aroma-Tipp

Auch eine Fruchtsauce aus Erdbeeren passt sehr gut zu diesem Eis.

Lavendel-Honig-Sahneeis

Zart schmelzend, cremig ... pur ein Genuss

Ich mag es gerne, wenn dieses Eis noch ein wenig soft ist und richtig zart schmelzend, cremig schmeckt. Wer das Eis gerne etwas fester hat, kann die Hälfte des Honigs durch feinen Zucker ersetzen.

für 4 Portionen

½ Vanilleschote
1 ½ TL Lavendelblüten
250 ml Milch
2 Eigelb
75 g Lavendelhonig
150 ml Sahne

- Das Mark der Vanilleschote herauskratzen. Die Vanilleschote mit dem herausgekratzten Mark und den Lavendelblüten zur Milch geben. Die Milch aufkochen, von der Platte nehmen und 15 Minuten ziehen lassen.
- Die Milch durch ein Sieb gießen, abkühlen und im Kühlschrank kalt werden lassen.
- Die beiden Eigelbe mit dem Lavendelhonig schaumig rühren. Die Sahne steif schlagen. Die kalte Lavendelmilch unter die Eicreme rühren und die Sahne unterheben.
- In einer Eismaschine 35–40 Minuten kalt rühren lassen.

Aroma-Tipp

Dazu passen ein paar Erdbeeren mit wenig Rosensirup.

Lavendel märchenhaft-kulinarisch süß: zum Espresso oder Kaffee

Heiße Schokolade mit Zimt und Lavendel

Glücksküche für kalte Winterabende

»Da kann ich ja nicht mehr aufhören«, war der Kommentar meines Mannes, als er diese heiße Schokolade das erste Mal probierte. Für Süßschlecker ein köstliches Rezept für kalte Wintertage.

für 3 bis 4 Portionen, je nach Größe der Tasse

600 ml Milch (1,5 % Fettgehalt)
1 TL Lavendelblüten
75 g weiße Kuvertüre
20 g Kakaopulver
¼ TL Zimtpulver
2 EL Lavendelhonig

- 500 ml Milch mit den Lavendelblüten bis zum Kochen erhitzen. Die Lavendelmilch von der Platte nehmen und die Blüten abseihen, nicht ziehen lassen, dann ergibt sich ein besonders feines Aroma.
- Die Kuvertüre fein raspeln. Den Kakao und das Zimtpulver in 100 ml Milch gut verrühren und auflösen. Die Kakaomilch, die geraspelte Kuvertüre und den Lavendelhonig in die warme Lavendelmilch einrühren. Kurz erwärmen, bis die Kuvertüre gelöst ist und die Schokoladenmilch eine angenehme Trinktemperatur hat.

Tipp

Wärmend und einhüllend.

Lavendel-Zitronen-Mini-Gugls

Fingerfood und kleine Überraschung für liebe Gäste

Anzahl Törtchen je nach Backform unterschiedlich

Teig:
1 Bio-Zitrone
35 g Butter
50 g Zucker (Rübenzucker oder Roh-Rohrzucker)
1 Ei
75 g Mehl (Dinkel Type 630 oder Weizen Type 550)
½ TL Weinstein-Backpulver
1 Prise Ursteinsalz
75 ml Buttermilch
1 – 1 ½ TL Lavendelblüten

Zitronenguss:
50 g Puderzucker, gesiebt
2 TL Rosenhydrolat (aqua rosae)

Silikon-Backform für Mini-Guglhupf

- Den Backofen auf 180 °C (Ober- und Unterhitze) vorheizen. Die Zitrone mit warmem Wasser waschen, abtrocknen, die Schale abreiben und den Saft aus einer der beiden Zitronenhälften auspressen. Butter und Zucker schaumig schlagen. Das Ei unterrühren.
- Mehl, Backpulver und Salz mischen und unter die Butter-Ei-Creme rühren. Die Buttermilch, abgeriebene Zitronenschale, Zitronensaft und Lavendelblüten unterrühren, bis ein cremiger Teig entstanden ist. Den Teig mit zwei kleinen Löffeln in die Guglhupf-Förmchen füllen.
- Im Backofen 12 – 20 Minuten backen (20 Minuten bei ganz gefüllten Förmchen).
- 10 Minuten in der Form auskühlen lassen. Währenddessen aus dem Puderzucker, 2 TL Saft der übrigen Zitronenhälfte und dem Rosenhydrolat einen Zitronenguss zubereiten. Die Gugls vorsichtig aus der Form lösen und mit dem Guss bepinseln.

Aroma-Tipp

Besonders lecker und saftig schmecken die Mini-Gugls, wenn sie frisch serviert werden. Vorsicht, Suchtpotential!

Lavendel-Madeleines

Für sonnige Momente auch im Winter

Die Sonne einfangen: Orangenblütenhydrolat wird bei der Destillation der Blüten der Bitterorange gewonnen. Sein wunderbar sonniger Duft wirkt angstlösend und antidepressiv. In der Küche fängt es die Sonne ein und ist ein wunderbares Aroma für feines Gebäck. Madeleines-Backformen gibt es in unterschiedlichen Größen. Meine Backform fasst 9 Madeleines. Ich muss zwei bis drei Mal backen, damit die angegebene Teigmenge aufgebraucht ist.

Anzahl Madeleines je nach Backform unterschiedlich

eventuell Butter für die Madeleines-Backform
125 g Butter
125 g Zucker (Rübenzucker oder Roh-Rohrzucker)
1 TL Vanillezucker oder Lavendelzucker (siehe Seite 77)
2 EL flüssiger Wildlavendelhonig
3 Eier
100 g Mehl (Dinkel Type 630 oder Weizen Type 550)
1 gehäufter TL Weinstein-Backpulver
1 EL Lavendelblüten
50 g Mandeln, gemahlen
1 EL Orangenblütenhydrolat (aqua citrus aurantium subspecies amara)
Puderzucker, gesiebt, zum Bestreuen

- Den Backofen auf 180 °C (Umluft) vorheizen. Die Madeleines-Backform vorbereiten, eventuell mit Butter ausstreichen. Die Butter schmelzen, bis sie flüssig ist, dann von der Herdplatte nehmen. Die Eier mit Zucker und Vanillezucker oder Lavendelzucker verrühren, bis sich der Zucker aufgelöst hat. Honig zugeben und die Masse cremig rühren.
- Mehl, Backpulver, Lavendelblüten und gemahlene Mandeln mischen und unter die Zucker-Ei-Creme rühren. Dann die abgekühlte, flüssige Butter unterrühren und zuletzt das Orangenblütenhydrolat einarbeiten. Die Madeleines-Förmchen zu zwei Dritteln mit dem Teig füllen.
- Im Backofen auf der zweiten Schiene von unten 12–15 Minuten backen.
- Die Madeleines nach dem Backen 15 Minuten abkühlen lassen. Dann aus den Förmchen stürzen und mit Puderzucker bestreuen.

Aroma-Tipp

Lauwarm schmecken Madeleines besonders lecker.

Apfelsinenschnitten mit Lavendel

Hommage an meine Kindheit

Dieses Rezept ist eine kleine Hommage an meine Kindheit. Meine Mutter war eine ausgezeichnete Köchin und Bäckerin. Ihre Apfelsinenschnitten habe ich ein wenig variiert. Die Experimentierfreude in der Küche habe ich wohl von meiner Mutter.

für ⅔ Backblech, 20 × 40 cm

Teig:
Butter für das Backblech
500 g Mehl (Dinkel Type 630 oder Weizen Type 550)
2 TL Weinstein-Backpulver
150 g Zucker (Rübenzucker oder Roh-Rohrzucker)
2 EL Lavendelzucker (siehe Seite 77)
2 EL Lavendelblüten
250 g Butter
2 Eier

Füllung:
2–3 Bio-Orangen
250 g Mandeln, gemahlen
300 g Zucker (Rübenzucker oder Roh-Rohrzucker)
1EL Orangenblütenhydrolat (aqua citrus aurantium subspecies amara)

Glasur:
100 g Puderzucker, gesiebt
1 TL Orangenblütenhydrolat (aqua citrus aurantium subspecies amara)

- Den Backofen auf 180 °C (Ober- und Unterhitze) vorheizen und ein Backblech fetten. Mehl mit Backpulver, Zucker, Lavendelzucker und Lavendelblüten mischen. Butter und Eier dazugeben und einen geschmeidigen Knetteig herstellen. Den Teig abgedeckt kühl stellen.
- Für die Füllung die Orangen mit warmem Wasser waschen, abtrocknen, die Schalen abreiben und von 2 Orangen den Saft auspressen. Gemahlene Mandeln, Zucker, abgeriebene Orangenschale, Orangensaft und Orangenblütenhydrolat vermischen. Die Füllung darf nicht zu flüssig werden.

Roger Bastin zeigt uns gelungene Kompositionen für den Aromagarten zu Hause: Heiligenkraut, verschiedenfarbige Sorten an Lavendel und Lavandin.

- Den Teig in zwei gleich große Stücke teilen. Eines der beiden Teigstücke auf etwa zwei Drittel der Größe des Backblechs ausrollen. Mit der Füllung bestreichen. Den restlichen Teig ebenfalls ausrollen und als Teigdecke über die Füllung legen.
- Im Backofen 25 Minuten backen.
- Währenddessen eine Glasur zubereiten aus dem Puderzucker, 2 EL Saft der übrigen Orange und dem Orangenblütenhydrolat. Den Kuchen aus dem Ofen nehmen, mit der Glasur bestreichen und noch heiß in kleine Rauten schneiden.

Aroma-Tipp

Zwei Tage in der Keksdose durchgezogen, schmecken die Apfelsinenschnitten besonders lecker. Sie können gut eine Woche in einer Keksdose aufbewahrt werden.

Lavendelkipferl

Feine Weihnachtsbäckerei

In der Plätzchendose aufbewahrt, sind Lavendelkipferl ein köstliches Weihnachtsgebäck.

Anzahl Kipferl je nach Größe unterschiedlich

90 g Zucker (Rübenzucker oder Roh-Rohrzucker)
1 EL Lavendelblüten
50 g Puderzucker, gesiebt
300 g Mehl (Dinkel Type 630 oder Weizen Type 550)
150 g Mandeln, gemahlen
250 g zimmerwarme Butter

- Einen Tag zuvor den Zucker mit den Lavendelblüten mischen und einen Tag lang durchziehen lassen. Der Zucker nimmt in dieser Zeit bereits einen Teil des Lavendelaromas an. 1 EL des leicht aromatisierten Zuckers zum gesiebten Puderzucker geben. Darin werden die fertig gebackenen Kipferl später gewälzt.
- Den Backofen auf 175 °C (Ober- und Unterhitze) vorheizen und ein Backblech mit Backpapier vorbereiten. Mehl, gemahlene Mandeln und den restlichen aromatisierten Zucker (etwa 85 g) in eine Schüssel geben. Die weiche Butter in Stücken zugeben und alles schnell zu einem geschmeidigen Knetteig verarbeiten. Es ist sehr wichtig, dass die Butter Raumtemperatur hat und nicht eiskalt ist. Der Kipferlteig enthält kein Ei und ist daher sehr mürbe. Mit kalter Butter wird er bröselig und nicht geschmeidig. Den Teig 30 Minuten abgedeckt im Kühlschrank ruhen lassen.
- Den Teig portionieren und auf dem Backbrett mehrere Rollen daraus formen. Mit einem Messer kleine Portionen abschneiden und zu Kipferln formen. Die Kipferl dürfen nicht zu groß sein, da sie ansonsten später brechen.
- Die Kipferl auf das Blech setzen und im Ofen 9–13 Minuten backen. Die Backzeit hängt von der Größe der Kipferl ab. Wenn sie goldgelb sind und an den Spitzen beginnen zu bräunen, sind sie fertig.
- Die heißen Kipferl sind noch sehr leicht brüchig und müssen flach liegen. Nach kurzem Abkühlen noch heiß in der Puderzucker-Lavendelzucker-Mischung wälzen.

Aroma-Tipp

Kipferl ohne Ei sind besonders mürbe.

1001-Nacht-Biscuits mit Lavendel

Zum Fünfuhrtee

Anzahl Biscuits je nach Größe unterschiedlich

300 g Zucker (Rübenzucker oder Roh-Rohrzucker)
1 EL Lavendelblüten
1 Bio-Zitrone
530 g Mehl (Dinkel Type 630 oder Weizen Type 550)
2 Eier
300 g Butter
¼ Tonkabohne
1 knapper EL Orangenblütenhydrolat (aqua citrus aurantium subspecies amara)
Mehl zum Ausrollen

- Einen Tag zuvor den Zucker mit den Lavendelblüten mischen und einen Tag lang durchziehen lassen. Der Zucker nimmt in dieser Zeit bereits einen Teil des Lavendelaromas an.
- Die Zitrone mit warmem Wasser waschen, abtrocknen und die Schale mit dem Zestenschäler abschälen. Das Mehl auf das Backbrett geben und in der Mitte eine Mulde bilden. Den aromatisierten Zucker zugeben und die Eier in die Mulde schlagen. Die Butter in Stückchen auf den Rand setzen.
- Die abgeschälten Zitronenzesten dazugeben. Die Tonkabohne mit der Muskatreibe über die Mischung reiben. Das Orangenblütenhydrolat zugeben. Es duftet nach 1001 Nacht. Alle Zutaten rasch zu einem Knetteig verarbeiten. Den Teig 2 Stunden abgedeckt im Kühlschrank ruhen lassen.
- Den Backofen auf 200 °C (Ober- und Unterhitze) vorheizen und ein Backblech mit Backpapier vorbereiten. Den Teig auf dem leicht bemehlten Backbrett 4 mm dick ausrollen. Mit einem Ring-Ausstecher (Durchmesser 5 – 7 cm) Biscuits ausstechen und auf das Blech legen. Den Teig wiederholt ausrollen und ausstechen, bis er aufgebraucht ist.
- Die Biscuits im Backofen auf der mittleren Schiene etwa 10 Minuten backen, bis sie goldgelb sind. In der Plätzchendose aufbewahrt, bleiben sie zwei bis drei Wochen knusprig.

Aroma-Tipp

Tonkabohne ist ein sehr facettenreiches und intensives Gewürz. Ich dosiere es ähnlich achtsam wie Muskat. Dann gibt es ein wunderbares Aroma. Wer keine Tonkabohne zur Hand hat, kann sich mit ½ TL Zimtpulver behelfen.

Apfelrosen mit Lavendel

Blickfang für die Kaffeetafel

Die Apfelrosen sind auch eine wunderbare Nachspeise. Ich serviere sie noch lauwarm mit einer Kugel Lavendel-Honig-Sahneeis (siehe Seite 116) und lasse bei der Zubereitung der Apfelrosen dann die Lavendelblüten weg.

für 12 Muffin-Backförmchen

eventuell Butter für die Muffin-Backform
2 EL Butter
2 TL frisch aufgeblühte Lavendelblüten
2–3 große, rotbackige Äpfel
4 EL flüssiger Wildlavendelhonig
2 Msp Zimtpulver
2 Packungen Blätterteig aus dem Kühlregal (je 1 Teigplatte zu 275 g)
Puderzucker, gesiebt, zum Bestreuen

- Den Backofen auf 175 °C (Umluft) vorheizen. Die Mulden einer Muffin-Backform vorbereiten, eventuell mit Butter ausstreichen. Die Butter mit den Lavendelblüten in ein Butterpfännchen geben und erhitzen, bis sie geschmolzen ist, dann von der Herdplatte nehmen.
- Die Äpfel waschen und die Kerngehäuse herausstechen. Die Äpfel längs halbieren. Jede Hälfte mit einem scharfen Messer quer in sehr dünne Scheiben schneiden.
- Wildlavendelhonig und Zimtpulver zur Lavendelbutter geben.
- Den Blätterteig aufrollen und jedes der zwei Teigstücke quer in 6 gleich große Steifen schneiden, sodass 12 Steifen entstehen. Die linke Hälfte jedes Streifens mit etwas Aromabutter bestreichen. Mit Apfelscheiben belegen, sodass die Schale im Bogen oben herausspitzt. Die andere Hälfte des Streifens bleibt frei! Die freie Blätterteighälfte über die Äpfel klappen. Nun sind nur noch der Bögen mit Schale zu sehen. Jede Bahn zu einer Rose aufrollen und in eine Muffinform setzen.
- Im Backofen 30 Minuten backen. Jede Form sieht aus wie eine Rosenblüte. Nach dem Backen 10 Minuten abkühlen lassen. Aus der Form auf eine Servierplatte heben und mit Puderzucker bestreut servieren.

Aroma-Tipp

Aromatisieren Sie die Apfelrosen mit einem Sprühstoß Rosenhydrolat *(aqua rosae)*, bevor Sie sie mit Puderzucker bestreuen.

Feine Muffins mit Heidelbeeren und Lavendel

Für das Picknick

für 12 Muffin-Backförmchen

eventuell Butter für die Muffin-Backform
220 g Heidelbeeren
1–2 EL Mehl zum Wenden
250 g Mehl (Dinkel Type 630 oder Weizen Type 550)
2 TL Weinstein-Backpulver
½ TL Natron
½ Bio-Zitrone
1 Ei
120 g brauner Zucker
1 Päckchen Vanillezucker
200 ml Buttermilch
80 ml Rapsöl
1 EL Lavendelblüten

- Den Backofen auf 180 °C (Umluft) vorheizen. Die Mulden einer Muffin-Backform vorbereiten, eventuell mit Butter ausstreichen. Die Heidelbeeren verlesen, waschen, abtropfen lassen und in den 2 EL Mehl wenden.
- Mehl, Backpulver und Natron vermengen. Die Zitrone mit warmem Wasser waschen, abtrocknen, die Schale mit dem Zestenschäler dünn abhobeln und zur Mehlmischung geben.
- In einer zweiten Schüssel Ei, Zucker, Vanillezucker, Buttermilch und Rapsöl mit dem Schneebesen verrühren. Den Lavendel zugeben. Die Mehlmischung unter die Eimischung heben und mit dem Schneebesen kurz unterrühren. Zum Schluss die Heidelbeeren unterheben. Den Teig in die Backförmchen füllen.
- Die Muffins bei 160 °C (Umluft) auf der zweiten Schiene von unten etwa 25 Minuten backen, bis sie goldgelb sind. Nach dem Backen die Muffins noch etwa 10 Minuten in den Förmchen ruhen und abkühlen lassen, bevor sie auf einer Kuchenplatte anrichtet werden.

Aroma-Tipp

Die Heidelbeermuffins lassen sich gut vorbereiten und schmecken auch am nächsten Tag noch hervorragend. Der Lavendel kommt dann fast noch besser zur Geltung.

Quitten-Birnen-Strudel mit Lavendel

Süße Inspiration aus Bayern

für einen großen oder zwei kleine Strudel
für 1 Backblech, 30 × 40 cm

Teig:
370 g Mehl (Dinkel Type 630 oder Weizen Type 550)
40 ml Rapsöl mit Butteraroma
120 ml lauwarmes Wasser
10 ml Essig
1 Ei
½ TL Ursteinsalz
Butter für das Backblech
Mehl zum Ausrollen

Füllung:
300 g Quitten
100 ml Quittensaft
1 ½ EL Lavendelblüten
3 EL Lavendelhonig
150 g ganze Walnüsse
450 g Birnen
1 Zitrone
8 EL Semmelbrösel
120 g Butter
½ TL Zimtpulver
3 EL Rosengelee
1 TL Rosenhydrolat (aqua rosae)

- Die Zutaten für den Strudelteig gut vermengen. Bei mir erledigt diese Aufgabe die Küchenmaschine in 2 Minuten. Sie können den Strudelteig auch per Hand abschlagen. Er muss richtig homogen sein und darf nicht mehr kleben. Aus dem Teig eine Kugel formen und 30 Minuten abgedeckt in einer Schale im Kühlschrank ruhen lassen (Kühlzeit genau einhalten).

- Für die Füllung die Quitten mit einem Tuch abreiben, waschen, schälen, achteln und entkernen. Die Quittenachtel in feine Spalten schneiden und mit dem Quittensaft, 1 EL Lavendelblüten und 1 EL Lavendelhonig in einem Topf erhitzen. Die Quittenspalten etwa 15 Minuten dünsten. Dabei immer wieder umrühren. Es ist bewusst wenig Sud. Die Quitten dürfen noch bissfest sein und sollten nicht zerfallen.
- Die Walnüsse knacken, die Nüsse aus den Schalen lesen und grob hacken. Die Birnen schälen, die Kerngehäuse entfernen und die Birnen in schmale Spalten schneiden. Den Saft der Zitrone auspressen und über die Birnenspalten geben. Die Semmelbrösel in etwas Butter anrösten. Den Rest der Butter schmelzen.
- Die gedünsteten Quitten durch ein Sieb geben und den Sud in einem Topf auffangen. Den Quittensud aufkochen und auf etwa die Hälfte einreduzieren, er wird später benötigt, siehe Aroma-Tipp.
- Den Backofen auf 180 °C (Ober- und Unterhitze) vorheizen. Ein Backblech mit Butter einpinseln. Quitten, Birnen, Walnüsse, die restlichen Lavendelblüten, den restlichen Lavendelhonig und das Zimtpulver mischen.
- Den Teig auf einem großen bemehlten Geschirrtuch sehr dünn ausrollen. Daraus entweder einen großen Strudel oder zwei kleine Strudel herstellen. Der große Strudel wird auf dem Backblech in U-Form gebacken. Die beiden kleinen Strudel können nebeneinanderliegen.
- Den Strudelteig dünn mit geschmolzener Butter bestreichen und die gerösteten Semmelbrösel darübergeben. Die Obst-Walnuss-Masse gleichmäßig darauf verteilen, dabei rundherum einen etwa 2 cm breiten Rand freilassen, sodass der Strudel gut aufgerollt werden kann.
- Die freien Teigränder der beiden kürzeren Seiten über die Füllung schlagen, sodass nichts auslaufen kann. Den Strudel nun der Länge nach locker aufrollen, dabei das Geschirrtuch als Hilfe nutzen. Den Strudel an der Naht gut andrücken und auf das Backblech heben. Den Strudel mit heißer Butter bepinseln und im Backofen 45 Minuten backen. Der fertig gebackene Strudel ist zart hellbraun.
- Das Rosengelee mit dem Rosenhydrolat homogen verrühren. Den noch heißen Strudel mit gut 2 EL des aromatischen Gelees glacieren. Das restliche Gelee dient zum Servieren, siehe Aroma-Tipp.

Aroma-Tipp

Zum Servieren 200 ml Sahne mit 1 Päckchen Sahnefestiger und 1 TL gesiebten Puderzucker steif schlagen. Anschließend den Sud der Quitten und das restliche Rosengelee kurz unterrühren. Diese Sahne ist ein Aromafeuerwerk der besonderen Art. Lassen Sie es sich schmecken!

Feine Birnentarte mit Lavendel

Garten-Aromaküche

Diese Tarte schmeckt auch mit Äpfeln oder klassisch mit Aprikosengelee als Glasur sehr lecker.

für 1 Tarteform oder Auflaufform, Durchmesser 24 cm

Teig:
200 g Mehl (Dinkel Type 630 oder Weizen Type 550)
1 EL Lavendelzucker (siehe Seite 77)
1 Ei
100 g weiche Butter
1 Prise Ursteinsalz
Butter für die Tarteform oder Auflaufform

Belag:
250 ml Sahne
1 EL Lavendelblüten
1 EL Lavendelzucker (siehe Seite 77)
60 g Blütenhonig oder Zucker (Rübenzucker oder Roh-Rohrzucker)
700 g Birnen
2 Eigelb
½ Päckchen Puddingpulver
Rosengelee zum Glasieren

- Für den Belag die Sahne mit den Lavendelblüten erhitzen, bis sie aufkocht. Die Lavendelsahne von der Kochstelle nehmen und durch ein Sieb geben, sodass nur die aromatisierte Sahne übrig bleibt – nicht ziehen lassen. Den Lavendelzucker und den Honig unterrühren und abkühlen lassen.
- Mehl, Lavendelzucker, Ei, die weiche Butter und das Salz zu einem glatten Knetteig vermischen und abgedeckt 30 Minuten kalt stellen.
- Den Backofen auf 175 °C (Umluft) vorheizen. Eine Tarteform oder Auflaufform mit Butter einpinseln und den Teig darin ausrollen. Einen niedrigen Rand für die Tarte bilden. Den Teigboden mehrmals mit einer Gabel einstechen.
- Die Birnen schälen, die Kerngehäuse entfernen und die Birnen in schmale Spalten schneiden. Die Birnenspalten fächerartig auf den Teigboden legen. Die Eigelbe und das Puddingpulver unter die Lavendelsahne rühren, bis keine Klümpchen mehr vorhanden sind. Den Guss über die Birnen gießen.
- Die Tarte im Ofen 45–50 Minuten backen. Noch warm mit Rosengelee glasieren.

Lavendel-Mirabellen-Tarte

Saftig und aromatisch

Sprühen Sie die vor dem Servieren etwas Rosenhydrolat *(aqua rosae)* über die Tarte und dekorieren Sie das Gebäck mit etwas Puderzucker.

für 1 Tarteform oder Auflaufform, Durchmesser 24 cm

Teig:
200 g Dinkel-Vollkornmehl
90 g kalte Butter
70 ml Mineralwasser mit Kohlensäure
1 EL Apfelessig
½ TL Ursteinsalz
Butter für die Tarteform oder Auflaufform, Backerbsen zum Blindbacken

Belag:
500 g Mirabellen
3 EL Mandeln, gemahlen
½ Vanilleschote
150 ml Sahne
2 Eier
2 Eigelb
4 EL Lavendelhonig
1 EL Lavendelblüten

- Zum Mehl die kalte Butter, Mineralwasser, Essig und Salz geben und alles zu einem glatten Teig verkneten. Den Teig abgedeckt 1 Stunde kalt stellen.
- Die Mirabellen waschen, trockentupfen, halbieren und entsteinen. Den Backofen auf 200 °C (Ober- und Unterhitze) vorheizen.
- Eine Tarteform oder Auflaufform mit Butter einpinseln und den Teig darin ausrollen. Einen 2 cm hohen Rand für die Tarte bilden. Den Teigboden mehrmals mit einer Gabel einstechen und mit Backerbsen 20 Minuten vorbacken. Die Backerbsen entfernen.
- Die gemahlenen Mandeln auf dem Teigboden verteilen: Mirabellen geben beim Backen sehr viel Saft ab und die Mandeln verhindern ein Weichwerden des Teigbodens. Die halbierten Mirabellen mit den Öffnungen nach oben daraufsetzen.
- Das Mark der Vanilleschote herauskratzen. Die Sahne mit Eiern, Eigelben, Lavendelhonig, Vanillemark und Lavendelblüten verrühren und über die Mirabellen gießen.
- Die Tarte im Backofen 35–40 Minuten backen, bis sie goldgelb ist. Abkühlen lassen.

Lavendel-Aprikosen-Auflauf

Glutenfrei und genial für Gäste

Auch mit Mirabellen ist dieser Auflauf eine Köstlichkeit.

für 1 Auflaufform, Durchmesser 24 cm

Butter für die Auflaufform
90 g Butter
12 große Aprikosen
220 g Mandeln, gemahlen
3 Eier
90 g flüssiger Wildlavendelhonig
3 EL Puderzucker, gesiebt
1 Prise Ursteinsalz
1 TL Lavendelblüten

- Den Backofen auf 180 °C (Ober- und Unterhitze) vorheizen. Eine Auflaufform mit Butter einpinseln und kühl stellen. Die Butter zerlassen und abkühlen lassen. Die Aprikosen waschen, halbieren und entsteinen.
- Gemahlene Mandeln, Eier, flüssige Butter, Lavendelhonig, Puderzucker und Salz zu einem Teig verrühren. Die Lavendelblüten untermischen. Den Teig gleichmäßig in die Auflaufform füllen. Die Aprikosenhälften mit den Schnittflächen nach unten leicht in den Teig drücken.
- Den Auflauf 45 Minuten backen, bis er leicht gebräunt ist.

Aroma-Tipp

Lauwarm schmeckt der Auflauf besonders lecker!

Bild rechts: Der Duft von Pinien und Lavendel: Lavandin im botanischen Garten Sanoflore

Mirabellenfruchtaufstrich mit Vanille und Lavendel

Gaumenschmaus im Spätsommer

1 kg frisch geerntete Mirabellen
500 g Gelierzucker 1:2
½ Vanilleschote
1 EL Lavendelblüten

- Mirabellen verlesen, gründlich waschen, abtropfen lassen, entsteinen und mit dem Gelierzucker nach Anweisung vorbereiten. Das Mark der Vanilleschote herauskratzen und Vanillemark und ausgekratzte Schote zur Fruchtmischung geben.
- Die Fruchtmischung erhitzen, bis sie sprudelnd kocht. 4–6 Minuten kochen lassen, die Lavendelblüten zugeben, umrühren und von der Kochplatte nehmen. Die Vanilleschote entfernen.
- Den fertigen Fruchtaufstrich in sterilisierte Gläser füllen. Die Gläser fest verschließen und nach Wunsch 5–10 Minuten auf den Kopf stellen, dann wieder wenden.
- Abkühlen lassen, der Fruchtaufstrich geliert während dieser Zeit. Die Gläser beschriften, kühl und dunkel aufbewahren. Lecker zum Frühstücksbaguette!

Heilkräftiger Wegbegleiter Lavendel

Lavendelgeschichte in der Traditionellen Europäischen Medizin

Heilpflanzen gibt es seit Menschengedenken. Für mich sind sie wertvolle Wegbegleiter für die Gesunderhaltung meines Körpers und meiner Seele. Lassen Sie uns auf den Spuren der Heilkraft des Lavendels eine kleine Zeitreise in die Vergangenheit machen.

Bereits Plinius der Ältere (etwa 23–79) beschrieb, dass die Römer ihr Badewasser mit Lavendel parfümierten. Auch Gaius Julius Cäsar (100–44 v. Chr.) soll nach einem langen Tag im Senat ein Lavendelbad geschätzt haben. Der Name »Lavendel« leitet sich vom lateinischen »lavare« ab, was »reinigen« oder »waschen« bedeutet.

Im 1. Jahrhundert beschrieb der griechische Arzt und Pharmakologe Pedanios Dioskurides in seiner Schrift »De materia medica« (»Arzneimittellehre«) die Herstellung von Lavendelessig und Lavendelwein. Er empfahl beide zur Linderung von Brustleiden, zur Lösung von Schleim, für die Verdauung und bei Epilepsie. Vermutlich meinte er dabei den Schopf-Lavendel. Er beschrieb ihn als »ein Kraut mit schlanken Zweigen, behaart wie Thymian, doch langblättriger und scharf im Geschmack und etwas bitter«.

Benediktinermönche brachten das Mittelmeerkraut vermutlich über die Alpen in nördliche Regionen. Hildegard von Bingen (1098–1179), Benediktinerin und Äbtissin, kannte den Echten Lavendel bereits als Mottenschutz im Kleiderschrank. Sie rühmte sein kräftiges Aroma und empfahl ihn gegen Läuse. In ihrer »Physica«, einem medizinischen Werk, heißt es über den Speik-Lavendel: »Speik ist heiß und trocken und seine Hitze ist gesund. Und wer Speik mit Wein kocht (oder wenn er keinen Wein hat, ihn mit Honig und Wasser kocht) und so lauwarm trinkt, dem mildert er den Schmerz der Leber und der Lunge und die Dämpfigkeit in seiner Brust und verschafft ihm klares Wissen und klaren Verstand, da seine gesunde Hitze und die milde Wärme des Weines oder Honigs die kalten Säfte vertreiben, die der Leber oder der Lunge oder der Brust des Menschen Beschwerden bereiten und den Verstand verdunkeln.« (Riha Ortrun, Abtei St. Hildegard, Physica. Hildegard von Bingen Werke Band 5, Beuroner Kunstverlag 2012)

Besonders spannend wird die Geschichte des Lavendels mit der intensiveren Nutzung der Destillation im 15. Jahrhundert. Der Wiener Arzt Michael Puff (um 1400–1473) beschrieb in seinem »Büchlein von den ausgebrannten Wässern« in mehr als 80 Kapiteln Destillate aus Pflanzen, darunter auch das Lavendelwasser: »Lavendelwasser ist gut allen den die lam seind

Bilder links: Die Liebe, mit der wir unsere Gärten gestalten, macht einen Teil ihrer Heilkraft aus: Lavendel in Cullerne Gardens, Findhorn, einem Garten, gestaltet im Einklang mit der Natur.

int den gelideren / das sy de gelider stettig damit waschen. Un so! Dann ichtes die gelider widerpringen, so thüt es das lavendelwasser.«

Kurz darauf widmete sich Hieronymus Brunschwig (um 1450–1512), Wundarzt und Chirurg, intensiv der Nutzung der Pflanzenwässer. In seinem dreiteiligen Destillierbuch »Liber de arte distillandi de simplicibus« sind über 260 Pflanzenwässer erwähnt, darunter auch der Lavendel. Im Kapitel »Von lavender wasser« beschrieb er die Anwendung bei Schwindel, Krampf, »Kalte Gesücht«, »Böser Siechtag mit Paralis«, Zittern, schwerer Zunge, lahmen und schlaffen Gliedern, Zahnweh und »Paralis mit Verlust des Sprechvermögens«.

Auch der italienische Arzt und Botaniker Pietro Andrea Matthiolus (1501–1577) beschrieb in seinem berühmten »Kreutterbuch« / »Commentarii, in libros sex Pedacii Dioscoridis, Anazarbei, De materia medica« zahlreiche Heilanwendungen mit Lavendel. Wir können davon ausgehen, dass zu dieser Zeit über den Echten Lavendel gesprochen wird: »Lavendel ist ein köstliches Kraut wider die Gebrechen des Hirns und der Nerven, Schwindel, Schlag mit ganzer oder halbseitiger Lähmung, fallende Sucht (Epilepsie), Schlafsucht (Lethargie), Krampf, Zittern, Kontraktsein (Gicht oder Rheuma) und Lahmheit. Es erwärmt den Magen und die Mutter (Gebärmutter), verteilt Blähungen, treibt den Harn, die Monatszeit und die Geburt. Zu allen bekannten Gebrechen mag man das Lavendelkraut und -blumen in Wein und Wasser sieden und einige Tage nacheinander davon trinken.«

Zur selben Zeit berichtete auch Paracelsus vom Lavendel. Er nutzte ihn als Schutz gegen Seuchen, zur Schmerzlinderung und bei Nervenleiden. In England machte vor allem Königin Elisabeth I. (1533–1603) den Lavendel hoffähig. Bereits als Kind soll sie im Schlossgarten zwischen den Lavendelsträuchern gespielt haben. Als erwachsene Frau pflegte Elisabeth I. täglich ein Tässchen Lavendeltee zu sich zu nehmen. Sie litt unter Migräne und schwor auf die lindernde Wirkung des Lavendels. Man könnte sagen, sie machte ihn zu ihrer Zeit salonfähig und bewirkte, dass er in den englischen Gärten mehr und mehr Verbreitung fand. Die adeligen Damen steckten sich Lavendelsträußchen in die weiten Ärmel ihrer Roben und die Köche bereiteten eine Lavendelsalbe zur Desinfektion ihrer Hände. Nicholas Culpeper, englischer Arzt, Apotheker und Astrologe (1616–1654), nannte Lavendel als Heilmittel bei Stimmverlust, Herzbeschwerden und Ohnmacht.

Lavendel entwickelte sich in England und Frankreich zu einer Modepflanze. Er diente der Abwehr von Krankheiten, schützte im Kleiderschrank vor Motten und mit Lavendelwasser und Lavendelöl wurden Kleider und Räume parfümiert. Vor seiner reinigenden Kraft mussten schlechte Energien weichen. Nach dem Besuch unliebsamer Gäste wurde Lavendel verdampft und Krankenzimmer wurden mit Lavendelessig und Lavendelöl gereinigt. Bei schweren Seuchen, wie der Pest, war Schutz vor Ansteckung wichtig, weil wirksame Medikamente fehlten. In England wurden Kirchen und öffentliche Gebäude durch das Verbrennen von Lavendel »desinfiziert«.

Aus dieser Zeit der Pest ist uns aus Frankreich die berühmte Geschichte vom »Essig der vier Diebe« überliefert: ein Kräuteressig, der unter anderem Lavendel, Salbei, Rosmarin und

Thymian enthielt. Mit dem verdünnten Essig wuschen sich die Mitglieder einer dreisten Räuberbande ihre Gliedmaßen und banden sich Essigmasken vor Mund und Nase, bevor sie die Häuser Pestkranker plünderten. Nachdem sie gefasst worden waren, gaben die Diebe ihr Geheimrezept preis, um ihr Leben zu retten. Es wurde in England unter dem Namen »Four thieves vinegar« und in Frankreich als »Vinaigre des quatre voleurs« bekannt.

Auch in Deutschland war Lavendel unverzichtbar in der Hausapotheke. Im 19. Jahrhundert empfahl Kräuterpfarrer Sebastian Kneipp (1821–1897): »Spiköl oder Lavendelöl ist in allen Apotheken leicht zu kaufen. Es darf unter den Hausmitteln nicht fehlen. Täglich zu zwei Malen je fünf Tropfen auf Zucker eingenommen befördert es die Verdauung und ›macht guten Appetit‹. Wer an Blähungen leidet, an Kopfweh in Folge von aufsteigenden Gasen, an Übelkeiten, nehme Spiköl, wie oben angegeben! Bei Gemütsleidenden habe ich Spiköl sehr oft mit bestem Erfolge verwendet, und ich behaupte, dass die Heilung in sehr vielen Fällen mit der Entfernung der namentlich auf das Gehirn schlimm einwirkenden Gase zusammenhängt. Nach meinem Dafürhalten schenkt man in der Behandlung Kranker diesen Gasen viel zu wenig Aufmerksamkeit. Wer je an Blähungen gelitten hat, weiß zu erzählen, welche fatale Rolle diese im Körper wütenden Winde […] spielen. Bei Appetitlosigkeit, Kongestionen, Schwindel und all den mannigfaltigen Kopfleiden mag man sich an die Anfangs gegebene Verordnung halten!« (Sebastian Kneipp, Meine Wasserkur. So sollt ihr leben, Haug Verlag 2002, S. 485)

Pfarrer Kneipp stellte klar einen Bezug des Lavendels zu Nervenleiden und Gemütsleiden dar. Interessant sind auch seine Gedanken hinsichtlich eines Zusammenhanges zwischen Blähungen und Gasen im Verdauungssystem und ihrer Wirkung auf das Gehirn. Heute wissen wir, dass zwischen intestinaler Mikrobiota (Darmflora, Besiedelung unseres Darmes mit Darmbakterien) und Depressionen oder Ängsten tatsächlich ein Zusammenhang bestehen kann.

Eine Hochblüte des Lavendels entwickelte sich im 19. und 20. Jahrhundert in Frankreich. Die Destillation von Lavendel hat dort eine lange Tradition. Lavendelwiesen prägten das Bild der Berghänge der Hochprovence. Die Wiesen wurden mit Ziegen und Schafen beweidet. Sie verhinderten eine Verbuschung, indem sie junge Sträucher und Baumschösslinge fraßen. Das schützte auch den Lebensraum des Lavendels, sodass sich die Pflanzen aussamen und fortpflanzen konnten. Die Bergbauern destillierten das ätherische Öl mit kleinen fahrbaren Destillen, den Alambics, vor Ort. Es waren die Vorläufer der heutigen Bio-Aromafarmen (siehe ab Seite 38). Es entstanden Familienrezepte für die Hausapotheke, die traditionell in jeder Familie weitergegeben wurden.

Der französische Kräuterheilkundige Maurice Mességué (1921–2017) bezeichnete den Lavendel als »blaues Wunder des Südens«. Seine Liebe zum Lavendel drückte er in zahlreichen Rezepten aus, Rezepte für Einreibungen, für Lotionen, für Bäder, Umschläge, für Inhalationen und Teemischungen.

Um die wachsende Nachfrage der Hersteller von Reinigungsmitteln und Parfum nach Lavendel zu befriedigen, waren immer ausgedehntere Anbauflächen nötig. So begann der massenhafte Anbau von Lavandin und modernen Züchtungen.

Im 20. Jahrhundert setzte Lavendel seinen Siegeszug als Heilpflanze fort. Ein Laborunfall des französischen Chemikers und Parfumeurs René-Maurice Gattefossé (1881 – 1950) war einer jener Zufälle, die ein Leben in die eine oder anderen Richtung lenken: 1910 lief ihm bei einer Explosion im Labor brennende Flüssigkeit über die Hände. Die Wunden infizierten sich schnell. Gattefossé behandelte sie mit Lavendelöl. Er war von der Heilwirkung so beeindruckt, dass er begann, ätherische Öle in ihrer Zusammensetzung und Wirkung wissenschaftlich zu untersuchen, allen voran das Lavendelöl. Es war die Geburtsstunde der modernen Aromatherapie. Mit Interesse hatte Jean Valnet (1920 – 1995), französischer Arzt, die Forschungsergebnisse von Gattefossé verfolgt. Als im Zweiten Weltkrieg Antibiotika und andere Arzneimittel Mangelware wurden, entschloss er sich, zur Desinfektion und Heilung der Wunden ätherische Öle einzusetzen. Mit Erfolg! Auch er war so bewegt von seinen Erfahrungen, dass er sich der Aromatherapie verschrieb und seine Beobachtungen an andere Ärzte weitergab.

Sie sehen – begonnen haben wir mit Lavendel als Badeessenz, und nun sind wir bei einem potenten Heilmittel angekommen. Gerade beim Lavendel halten wir einen bunten Strauß an Möglichkeiten in unseren Händen. Eine umfassende Beschreibung allein der Heilkunst mit Lavendel würde ein eigenes Buch füllen. So möchte ich Ihnen im letzten Teil meines Buches einige Rezepte für den Einstieg an die Hand geben: einfache Tipps für die Hausapotheke und Rezepte für Ihre Gesundheitspflege und Ihr Wohlbefinden.

Aromatherapie und Aromapflege

Drei wesentliche Komponenten bilden heute die Basis von Aromatherapie und Aromapflege: 1. fette Öle und Mazerate, 2. Hydrolate, 3. ätherische Öle. Sie formen das »magische Dreieck der modernen Aromatherapie und Aromapflege«. Dieses »magische Dreieck« gibt uns das Handwerkszeug, um mit einfachen Mitteln hochwertige nährende Produkte für die Pflege unserer Haut und unserer Seele selbst herzustellen.

Tipp Die Begriffe »Aromatherapie« und »Aromapflege« sind nicht gleichzusetzen. Sie beschreiben unterschiedliche Tätigkeiten. Die Ausübung professioneller Aromapflege oder Aromatherapie erfordert eine jeweils eigene Qualifikation: So darf ein Pfleger oder eine Pflegerin im Altenheim zum Beispiel nur Aromapflege betreiben, ebenso ein Krankenpfleger oder eine Krankenschwester. Aromatherapie ist ausschließlich Ärzten und Heilpraktikern vorbehalten.

Jede Aufbereitung ist einzigartig

Die Aufbereitungen des Lavendels unterscheiden sich in ihrer Wirkung, wobei es manchmal Überschneidungen gibt: Ein Teeauszug mit Wasser löst andere Inhaltsstoffe als ein alkoholischer Auszug oder ein Essigauszug. Wieder andere Wirkstoffe enthält das ätherische Lavendelöl, nochmals andere das Lavendelhydrolat *(aqua lavandulae officinalis)*. Keine Anwendung ist durch die andere einfach ersetzbar.

Genau und liebevoll beschriften

Bevor Sie Ihren pflegenden Kräuterschatz zur Aufbewahrung verstauen, beschriften Sie ihn bitte genau und liebevoll.

- Überlegen Sie sich einen besonderen Namen, an dem Sie Freude haben. Ein schöner Name hat seine eigene Magie. Sie werden sehen: Sie verwenden das Produkt viel lieber und schätzen die Wirkung umso mehr. Für ein Kräutergeschenk können Sie Ihren Namen oder den Namen Ihres Gartens hinzufügen.
- Halten Sie die Inhaltsstoffe auf dem Etikett fest. Zum Beispiel: »Lavandula officinalis, Kaltauszug in Sonnenblumenöl«. Das Datum der Fertigstellung ist wichtig, um später einschätzen zu können, ob das Produkt noch verwendbar ist!

Bild links: Johanniskraut, Rose und Lavendel, ein harmonischer Dreiklang mit Pflanzenkräften für die Seele, Cullerne Gardens, Findhorn, 2010

Die Kraft der fetten Öle

Ein wichtiges Werkzeug unseres »magischen Dreiecks der Aromatherapie« ist das fette Öl. Es ist wesentlicher Bestandteil vieler Rezepturen. Fette Öle haben bereits von sich aus pflegende, nährende und gesundheitsfördernde Wirkung.

Eine Besonderheit ist das Pflanzen-Öl-Mazerat. Der Begriff »Mazerat« leitet sich ab vom lateinischen »macerare«, übersetzt »einweichen«. Unter Pflanzen-Öl-Mazeraten versteht man Kaltauszüge von Pflanzenmaterialien in einem fetten Öl. Bei dieser Zubereitung gehen fettlösliche Bestandteile der Pflanzen, insbesondere sehr große Moleküle, die bei einer Wasserdampfdestillation oft nicht in das Destillat gelangen, in das Auszugsöl über. Das entstehende Öl-Mazerat erhält seine Wirkung sowohl durch die Eigenschaften des fetten Öls als auch durch die Heileigenschaften des Pflanzenmaterials. Fette Pflanzenöle und Pflanzen-Öl-Mazerate finden hauptsächlich Anwendung:

- in der Kosmetik (Schüttellotionen, Salben, Balsame, Cremes),
- in der Pflege (Körperöle, Massageöle, Wickel, Kompressen),
- in der Heilkunde (Trägeröle für therapeutisch genutzte ätherische Ölmischungen).

Tipp Wichtig: Die Haut isst mit. Daher gelten für mich für alle Kosmetik-Zubereitungen hohe Qualitätskriterien. Alle Zutaten meiner Kosmetikrezepte haben Bioqualität.

Getrocknete oder frische Kräuter für Pflanzen-Öl-Mazerate?

Wenn zu feucht geerntet wird und der Wassergehalt der Pflanzen zu hoch ist, kann der Ansatz gären. Die wissenschaftliche Phytotherapie arbeitet heute ausschließlich mit getrockneten Kräutern und beim Johanniskrautöl (siehe Seite 140) auch im Dunkeln, um ein Verkeimen zu verhindern. Wissenschaftliche Studien haben gezeigt, dass die biochemischen Wirkstoffe auch bei getrocknetem Pflanzenmaterial und einem Ansatz im Dunkeln in das Mazerat übergehen.

Ich folge bei meinen Ansätzen traditionellen Rezepten und verwende frische Kräuter und Licht. Bei mir ist es bisher immer gut gelungen. Meiner Wahrnehmung nach ist so die Schwingung feiner und die Rezepturen sind wirkkräftiger. Es liegt bei Ihnen, den Weg zu wählen, mit dem Sie sich wohler fühlen.

Tipp Meist gebe ich die Blütenblätter von ein oder zwei Duftrosen zu meinen Mazeratansätzen. Die Rose verstärkt und harmonisiert meiner Erfahrung nach die Wirkung des Ansatzes. Ich achte penibel darauf, dass keine Insekten und kein Schmutz in den Ansatz gelangen.

Das Lavendel-Öl-Mazerat

Lavendel ziehe ich gerne in einem sanften Öl wie Mandelöl aus. Ich schätze die ganzheitliche Prägekraft im Licht. Daher zerkleinere ich die Blütenblätter der Rose und die Lavendelblüten mit Kelchen nicht.

1–2 Handvoll getrocknete Lavendelblüten
(Lavandula officinalis *oder* Lavandula angustifolia *'Hidcote blue'*)
1–2 ungespritzte getrocknete Duftrosen
(Apotheker-Rose oder Damaszener-Rose), Blütenblätter
500 ml Mandelöl oder Sonnenblumenöl

außerdem:
1 saubere Glasflasche mit Schraubverschluss (Volumen 500 ml)
saubere Glasflacons mit Korkverschlüssen (Volumen 100 ml oder 200 ml)

- Ich fülle meine Kräuter in eine saubere Glasflasche. Wenn Sie mit frisch geernteten Kräutern arbeiten, müssen die Kräuter unbedingt trocken sein. Die Blütenmischung fülle ich mit dem fetten Öl auf, sodass alle Kräuter mindestens 2 cm hoch mit Öl bedeckt sind.
- Ich schraube die Flasche fest zu und stelle sie an einen hellen Platz ohne direkte Sonneneinstrahlung. Den Ölauszug lasse ich etwa 4 Wochen durchziehen. Dabei wende ich ihn täglich und achte darauf, dass die Kräuter immer gut mit Öl bedeckt sind. Über längere Zeit herausragende Pflanzenteile können schimmeln. Wenn Sie Ihren Ansatz täglich achtsam schütteln, besteht keine Gefahr.
- Nach 4 Wochen filtere ich mein Lavendel-Öl-Mazerat durch ein feines Teesieb, das alle Pflanzenteile zurückhält. Mein Öl duftet nun fein nach Lavendel. Ich fülle es in kleinere Glasflacons ab, die ich mit Korken verschließe. Bei dunkler und kühler Lagerung ist das Öl-Mazerat bei mir mindestens 6 Monate bis zu einem Jahr haltbar.

Einsatzbereiche des Lavendel-Öl-Mazerats

- entspannendes, pflegendes Körperöl
- Massageöl für die Fußmassage auch bei sensiblen Personen oder Kindern
- Grundlage für Salben, Balsame und Cremes
- Trägeröl für duftende Mischungen
- sanft entspannend für die Muskulatur
- sanft entspannend und beruhigend für die Seele
- Haut beruhigend
- für sensible Menschen geeignet
- immer dann, wenn ich keine ätherischen Öle einsetzen möchte, die sanft entspannende Wirkung des Lavendels aber schätze

Das Johanniskraut-Öl-Mazerat

Eines der bekanntesten Mazerate mit langer Tradition ist das Johanniskrautöl. Es ist eine wichtige Zutat für mehrere Rezepte in diesem Buch.

Für diesen Kaltauszug ernte ich vom Echten Johanniskraut *(Hypericum perforatum)* Blüten und Blättchen der obersten 10 cm. Der beste Zeitpunkt für die Ernte ist im Hochsommer um Johanni (24. Juni). Um diese Zeit der Sommersonnenwende ist die Menge an wirksamen Inhaltsstoffen in der Pflanze am größten. Wenn Sie die Blüten oder die Knospen zwischen den Fingern zerquetschen, tritt der typische blutrote Pflanzensaft aus. Er enthält das Hypericin, das für die leuchtend rote Farbe des Johanniskrautöls verantwortlich ist, daher auch der Name »Rotöl«.

frische Blüten und Blätter des Echten Johanniskrautes (Hypericum perforatum)
500 ml Olivenöl

außerdem:
1 saubere Glasflasche mit Schraubverschluss (Volumen 500 ml)
saubere Glasflacons mit Korkverschlüssen (Volumen 100 ml oder 200 ml)

- Ich ernte die Johanniskrautblüten, wenn es zwei bis drei Tage richtig trocken und sonnig war um die Mittagszeit. Ich verwende Knospen, geöffnete Blüten und ein paar Samenkapseln. Ich quetsche die Blüten und Blätter in einem Mörser aus Porzellan ein wenig an. Dann gebe ich die Blütenmischung locker in eine saubere Glasflasche und fülle mit Olivenöl auf. Das Pflanzenmaterial muss gut bedeckt sein.
- Den Kaltansatz lasse ich etwa 8 Wochen im Zimmer an einem hellen Platz ohne direkte Sonneneinstrahlung ausziehen. Schütteln Sie täglich, sodass niemals Pflanzmaterial über längere Zeit an der Oberfläche schwimmt. Schon nach kurzer Zeit färbt sich das Öl rot. Nach 6 bis 8 Wochen filtern Sie den Ansatz erst durch ein grobes Sieb, dann durch einen feinen Teefilter. Die feinen Härchen der Staubblätter müssen herausgefiltert werden, damit sie die Haut später nicht reizen. Das Filtrat muss völlig klar sein. Ich fülle es in kleinere Glasflacons ab, die ich mit Korken verschließe.

Tipp Verwenden Sie bitte nur das Echte Johanniskraut. Es gibt bei uns mehrere wild vorkommende Arten, die sich in Inhaltsstoffen und Wirkungen unterscheiden. Echtes Johanniskraut erkennen Sie am typisch roten Pflanzensaft und am zweikantigen Stängel. Wenn Sie die Blätter gegen das Licht halten, entdecken Sie zahlreiche kleine Löchlein, die Öldrüsen. Die Blätter sehen perforiert oder durchlöchert aus. Daher stammt auch der Namensbestandteil »perforatum«.

Das Echte Johanniskraut entfaltet um die Zeit der Sommersonnenwende seine höchste Heilkraft.

Einsatzbereiche des Johanniskraut-Öl-Mazerats

- Basisöl pur bei Verspannungen im Rücken
- Trägeröl für Mischungen mit ätherischen Ölen
- Erste Hilfe nach einem Sonnenbrand

Wichtig! Nach dem Einreiben mit Johanniskrautöl nicht in die direkte Sonne oder ins Solarium gehen. Bei sensiblen Personen kann Johanniskrautöl die Lichtempfindlichkeit der Haut erhöhen.

Ätherische Öle in der Praxis

Das sollten Sie wissen, bevor Sie starten

- Vermeiden Sie den Kontakt mit den Augen! Dies kann Verätzungen verursachen!
- Benutzen Sie nur ätherische Öle, die Sie auch gut riechen können!
- Die Rezepte mit ätherischen Ölen in diesem Buch sind für Erwachsene ausgelegt. Kinder benötigen eine andere Dosierung und manchmal auch andere Mischungen.
- Bei bestehenden (Grund-)Erkrankungen klären Sie bitte fachlich ab, ob etwas gegen die Anwendung ätherischer Öle und ihrer Zubereitungen spricht.
- Verwenden Sie nur hochwertige Öle in Bioqualität oder aus Wildsammlung!
- Hochwertige ätherische Öle sind niemals billig!
- Achten Sie auf Flaschen aus dunklem Glas (braun, blau, violett), denn ätherische Öle sind lichtempfindlich.

Diese Angaben sollten unbedingt auf dem Etikett zu finden sein

1. Vollständiger Name der verwendeten Pflanze: deutsch und lateinisch
2. Verwendete Pflanzenteile: Blüten, Kraut, Früchte, Wurzeln ...
3. Art der Gewinnung: zum Beispiel Wasserdampfdestillation
4. Art des Anbaus: am besten zertifizierter Bioanbau oder Wildsammlung
5. Herkunftsland
6. Duftprofil des ätherischen Öls
7. Name des Herstellers
8. Mindesthaltbarkeitsdatum, Abfülldatum, Chargennummer
9. Sicherheitshinweise
10. Füllmenge: in Milliliter
11. Bei verdünnten Ölen: Angabe der enthaltenen Menge des ätherischen Öls in Prozent und Angabe des Mediums zur Verdünnung

Lagerung und Haltbarkeit

Notieren Sie das Datum, wenn Sie eine Flasche öffnen. Ätherische Öle haben nach Kontakt mit Sauerstoff begrenzte Haltbarkeit. Diese ist je nach ätherischem Öl unterschiedlich. Lagern Sie Ihre Schätze an einem kühlen, dunklen Ort möglichst ohne große Temperaturschwankungen.

Löslichkeit der ätherischen Öle in Wasser

Um ätherische Öle im Wasser in feinste Tröpfchen aufzulösen, benötigen wir Hilfsmittel, die zwischen Fett und Wasser vermitteln: Wir geben das ätherische Öl zunächst in Salz, Honig, Milch oder Sahne, bevor wir es dem Wasser zufügen.

Ätherische Öle

Beim Destillieren einer Pflanze fangen wir gewissermaßen die Seele der Pflanze ein. Das ätherische Öl spiegelt das Wesen dieser Pflanze wider. Während ein Teeauszug oder das ganze Kraut vor allem auf unseren Körper wirkt, erreicht das ätherische Öl auch unsere Seele. Es beeinflusst unsere Gefühle, unser Nervensystem und unseren Hormonhaushalt.

In der Pflanze hat das ätherische Öl unterschiedliche Aufgaben: 1. Es ist quasi die »Apotheke der Pflanze« und schützt sie vor dem Befall mit Bakterien, Viren oder Pilzen. 2. Es dient der Kommunikation der Pflanzen untereinander. 3. Bestandteile des ätherischen Öls locken Insekten an und stellen die Bestäubung der Pflanze sicher.

Aromapflanzen enthalten 1 – 3 % ätherisches Öl. Durch Destillation reichern wir es auf 100 % an. Sie können sich vorstellen, welch kraftvolles Powerpaket wir nun in Händen halten.

Auf zwei Kardinalwegen können wir die Wirkung der ätherische Öle für unser Wohlbefinden nutzen: über unseren Geruchssinn und über den Kontakt mit unserer Haut.

Faszination Duft

Düfte begleiten uns ein Leben lang. Menschliches Leben beginnt mit Duft: Prof. Dr. Hanns Hatt konnte nachweisen, dass Eizellen den zarten Duft von Maiglöckchen verströmen und Spermien Riechrezeptoren besitzen und dem Duft folgen. Bereits im Mutterleib beginnt der Embryo zu riechen und zu schmecken, und zwar auch durch die Bauchdecke hindurch. Jede duftende Lotion, die während der Schwangerschaft am Bauch aufgetragen wird, prägt bereits das ungeborene Kind. Auch das Fruchtwasser enthält eine Fülle an Aromen, die auf das spätere Leben vorbereiten und erste Geschmacksimpulse bieten.

Nach der Geburt prägt die Muttermilch mit ihrem feinen Vanilleduft das Baby. Auch nach vielen Jahren erinnern sich Menschen beim Duft der Vanille gewissermaßen an ihre Kindheit, an die Zeit des Stillens. Sie erinnern sich an die Gefühle, die sie als Kind mit dem Duft von Vanille verbunden haben, an das Gefühl, in den Arm genommen zu werden, die Wärme der Mutter zu spüren, geborgen zu sein und geliebt zu werden, und an das Gefühl, satt zu ein. Der Duft und der Geschmack von Vanille lösen in uns ein richtiges Wohlgefühl aus. So zählt Vanilleeis zu den meistverkauften Eissorten weltweit.

Auch wenn wir älter sind, beeinflusst unser Geruchssinn unser Leben maßgeblich. Wenn wir unbekannte Menschen treffen oder auf Partnersuche sind – die Nase entscheidet mit: Sie bestimmt blitzschnell, ob wir jemanden im wahrsten Sinne des Wortes riechen können oder nicht.

Doch wie funktioniert das Riechen überhaupt? Duftmoleküle gelangen beim Einatmen durch unsere Nasenlöcher in die rechte oder linke Nasenhöhle. In beiden Nasenhöhlen befindet sich im obersten Bereich das Nasendach mit der Riechschleimhaut (Regio olfactoria). Sie ist etwa so groß wie eine Euromünze und enthält etwa 20 Millionen Riechsinneszellen. Besonders viele Duftmoleküle kommen auf unserer Riechschleimhaut an, wenn wir intensiv schnüffeln. Dann sind beide Nasenlöcher aktiv, während wir beim normalen Atmen in der Regel hauptsächlich durch ein Nasenloch Luft holen. Beim Schnüffeln können wir Düfte intensiv wahrnehmen. Auch beim Essen wandern Duftmoleküle über unseren Gaumen zu unserer Riechschleimhaut. Das Riechen hat erheblichen Anteil am Genießen. Wenn ich früher eine schlecht schmeckende Arznei einnehmen musste, habe ich den einfachen Trick angewendet und mir die Nase zugehalten. Dann ist es gar nicht mehr schlimm. Eine ähnliche Erfahrung haben Sie vielleicht selbst schon gemacht: Wenn Sie bei einem Schnupfen nicht mehr durch die Nase atmen können, fehlt auch der richtige Geschmack beim Kochen und Essen. Riechen und Schmecken sind also eng miteinander verbunden.

Von den Riechsinneszellen wird die Geruchsinformation über den Riechzellkörper und über Nervenbahnen weitergeleitet in den Riechkolben (Bulbus olfactorius). Von dort gelangt die Duftinformation in verschiedene Regionen unseres Gehirns, zum Beispiel in das limbische System. Das limbische System ist entwicklungsgeschichtlich eine der ältesten Regionen unseres Gehirns und liegt wie ein Ring um unseren Hirnstamm. Dort werden Düfte und Dufterinnerungen gespeichert. Dieses »Duftgedächtnis« bleibt das ganze Leben erhalten. Ich möchte es am Beispiel unseres Lavendels kurz erläutern. Wer als Kind den Duft von Lavendel in Omas Schlafzimmer oder Kleiderschrank erlebt hat und eine liebevolle Oma hatte, wird sich gerne an diesen Duft erinnern, ja, er wird ihn vielleicht sogar lieben. Reisen Sie voller Begeisterung in die Provence in den Urlaub und haben Sie einen entspannten Urlaub erlebt, dann erinnern Sie sich später beim Duft des Lavendels an das Gefühl von Entspannung, an die wärmenden Sonnenstrahlen oder an das abendliche Zirpen der Grillen auf der Terrasse.

Nicht in jedem Fall ist Geruchserinnerung positiv belegt. Haben wir eine schlechte Erfahrung gemacht und dabei einen Geruch intensiv wahrgenommen, so lehnen wir diesen Duft später höchstwahrscheinlich ab. Wir können ihn nicht riechen und verbinden mit ihm die unangenehmen Gefühle, die wir in der Vergangenheit erlebt haben.

Geruchserleben ist individuell. Ätherische Öle können nie ausschließlich nach wissenschaftlichen Kriterien gewählt werden. Es gilt im wahrsten Sinne des Wortes die Empfehlung »immer der Nase nach«.

Ich gehe davon aus, dass Sie den Duft des Lavendels lieben, wenn Sie dieses Buch in Händen halten. Über den Duft im Raum, über das Duftparfum, durch Riechen und Einatmen des ätherischen Öls können wir wirksam unser Wohlbefinden unterstützen. Wir können die Ausschüttung von Hormonen in unserem Körper beeinflussen, den Abbau von Stresshormonen oder die Bildung von Glückshormonen fördern, Ängste mildern, die Stimmung aufhellen oder Entspannung herbeiführen. Wir können die Konzentration stärken, wach und aktiv machen oder Entspannung und Schlaf fördern. Düfte sind wunderbare Helfer in einem gelungenen Selbstmanagement auf unserer persönlichen Reise durch die Klippen des Lebens. Indem wir uns mit unseren Lieblingsdüften befassen, lernen wir viel über uns selbst. Meist sind sie gute Wegbegleiter für unser Leben.

Die Haut isst mit

Ein zweiter wichtiger Weg, wie ätherische Öle ihre Wirkung entfalten können, geht über die Haut. Wenn wir ein Aromabad nehmen, uns mit Körperöl, Salbe oder Balsam mit ätherischen Ölen pflegen oder ein Parfum auftragen, können etwa 20 Minuten nach dem Hautkontakt Bestandteile des ätherischen Öls im Blut nachgewiesen werden und entfalten dort ihre Wirkung.

Vielleicht macht Sie das nachdenklich. Es ist tatsächlich sehr wichtig, welchen Stoffen wir einen direkten Kontakt mit unserer Haut erlauben. Eine Lehrerin gab mir einmal den Rat: »Benutze für Deine Körperpflege und Kosmetik nur, was auch essbar ist. Die Haut isst mit!« Ich halte dies für einen sehr weisen Rat. Eine ähnliche Denkweise finden wir im Ayurveda.

Das ätherische Lavendelöl

Das ätherische Öl von *Lavandula officinalis (Lavandula angustifolia, Lavandula vera)* enthält mehr als 100 Bestandteile. Besonders wichtig für die heilsame Wirkung sind die Substanzen Linalool (zur Gruppe der Monoterpene zählend) und Linalylacetat (Monoterpenoid-Ester). Linalylacetat ist charakteristisch für den Duft des Lavendels und auch für seine Wirkung auf das Nervensystem. Linalylacetat wirkt Stress lindernd, beruhigend und entspannend. Linalool hat vor allem entzündungshemmende und antimikrobielle Eigenschaften. Ätherisches Lavendelöl ist eines der wenigen ätherischen Öle, die pur auf die Haut aufgetragen werden dürfen.

In seltenen Fällen kann es bei der Anwendung von ätherischem Lavendelöl zu allergischen Reaktionen oder Unverträglichkeiten kommen. Machen Sie vor der Anwendung den Hauttest.

Tipp Hauttest für ätherisches Lavendelöl: 1 Tropfen Lavendelöl in der Ellenbeuge auftragen. Wenn innerhalb von 30 Minuten Rötungen auftreten, darf das Öl keinesfalls äußerlich angewendet werden. Fragen Sie bei bestehenden Allergien im Zweifelsfall Ihren Arzt oder Therapeuten. Dieser Test kann ähnlich auch für andere ätherische Öle durchgeführt werden. Die meisten dürfen nicht pur auf die Haut aufgebracht werden. Deshalb für den Test 1 Tropfen ätherisches Öl in 1 TL fetten Trägeröl, zum Beispiel Sonnenblumenöl oder Olivenöl, verdünnen.

Steckbrief: Ätherisches Lavendelöl, Lavandula officinalis

- Wichtige Bestandteile (nach Wabner, Aromatherapie, siehe Seite 183): 26–49 % Linalool, bis 50 % Ester, darunter 36–53 % Linalylacetat
- Psychische Wirkung: »Anti-Stress-Öl«, bei Schlafstörungen, angstlösend, entspannend, beruhigend, aber auch belebend, spasmolytisch
- Körperliche Wirkung: antiinfektiös, entzündungshemmend, antiviral, bakterizid, Zellen regenerierend, hautpflegend, Juckreiz hemmend, schmerzlindernd
- Arten der Anwendung: Raumluftdesinfektion, Duftspray, Aromalampe, Aromabad, Roll-on, Körperöl, Wickel, Kompressen, Schüttellotion, Parfum, Wäscheduft, Mottenschutz

Hydrolate

Bei der Destillation aromatischer Pflanzen entsteht neben dem ätherischen Öl hauptsächlich Hydrolat (siehe auch Seite 44). Wenn Allergien und Unverträglichkeiten die Anwendung von ätherischen Ölen schwierig machen, können Hydrolate eine Alternative sein. Sie sind der sanfte Einstieg in die Aromatherapie und besonders gut verträglich. Das liegt an ihren Inhaltsstoffen. So gehen zum Beispiel viele im ätherischen Öl enthaltene allergene Stoffe nicht in das Hydrolat über. Folgende Bestandteile machen die besondere Zusammensetzung eines Hydrolates aus:

- Bestandteile des wässrigen Teeauszugs: Dem Hydrolat fehlen jedoch auch Stoffgruppen des wässrigen Auszugs, wie Gerbstoffe oder Bitterstoffe.
- Bestandteile des ätherischen Öls: Bei Lavendel zum Beispiel das Linalool, nicht zu finden ist dagegen das Linalylacetat.
- Artefakte: Stoffe, die weder im ätherischen Öl noch im Tee zu finden sind und die bei der Destillation entstehen. Sie sind typisch für das Hydrolat und charakteristisch für seine besonderen Eigenschaften.

Tipp Wenn Sie Allergiker sind oder sehr sensibel über die Haut reagieren, machen Sie vor der Anwendung der in diesem Buch genannten Hydrolate bitte dennoch den Hauttest: Geben Sie einen Sprühstoß des Hydrolats auf die Haut in der Ellenbeuge. Überprüfen Sie, ob sich die Haut innerhalb der nächsten 30 Minuten rötet. Bei einer Rötung bitte nicht verwenden.

Hochwertige Hydrolate

Hochwertige Hydrolate gibt es heute ohne Zusatzstoffe und ohne Konservierung durch Alkohol. Sind Zusatzstoffe enthalten, müssen Sie sich individuell informieren, für welche Anwendungen das Hydrolat geeignet ist und für welche nicht. In den Handel kommen Hydrolate abgefüllt in Behälter aus unterschiedlichen Materialien wie Glas, Aluminium oder Kunststoff. Die Art der Verpackung ist oft auch mengenabhängig und geht nicht mit einer bestimmten Qualität des abgefüllten Hydrolats einher. Wenn möglich, bevorzuge ich Hydrolate in Flaschen aus dunklem Glas. Sie schützen vor Licht und sind vergleichsweise umweltfreundlich.

Hochwertige Hydrolate kommen mit folgenden Angaben in den Handel

1. Bezeichnung: Hydrolat, Pflanzenwasser oder Aquarom
2. Vollständiger Name des verwendeten Krauts: deutsch und lateinisch
3. Verwendete Pflanzenteile: Blüten, Kraut, Früchte, Wurzeln ...
4. Art der Gewinnung: Wasserdampfdestillation
5. Art des Anbaus: am besten zertifizierter Bioanbau oder Wildsammlung
6. Herkunftsland, Name des Herstellers
7. Chargennummer, Abfülldatum, Haltbarkeitsdatum, nicht üblich sind Hinweise zur Lagerung

Das Lavendelhydrolat

Lavendelhydrolat *(aqua lavandulae officinalis)* ist für alle Altersstufen gut einsetzbar – von der sensiblen Babyhaut bis hin zur Pflege von Senioren. Allergische Reaktionen sind sehr selten. Ich konnte in meiner Naturheilpraxis bisher keine Unverträglichkeiten bei der Verwendung dieses Hydrolats feststellen.

Lavendelhydrolat kann nicht 1:1 statt des ätherischen Öls oder 1:1 statt der Blüten für einen Tee eingesetzt werden. Es hat eigene Anwendungsgebiete, wobei es Überschneidungen in der Anwendung gibt. Bereits seit einigen Jahren wird es in der Naturheilpraxis, in der Psychiatrie, in der klinischen Anwendung im Krankenhaus und in der Pflege erprobt. Die Erforschung der Inhaltsstoffe ist noch nicht so weit fortgeschritten wie beim ätherischen Öl. Die Erfahrungen der letzten Jahre zeigen aber: Hydrolate sind wirksame Mittel mit hoher Verträglichkeit. Wir können für die Zukunft viel von ihnen erwarten.

Wenn Sie an einem Lavendelhydrolat schnuppern, werden Sie vielleicht überrascht sein: Der typische Duft des Lavendels fehlt, weil das Hydrolat kein Linalylacetat enthält. Je nach Anteil der Blüten und Art der Destillation können Lavendelhydrolate sehr unterschiedlich duften. Meiner Erfahrung nach riecht ein Hydrolat mit hohem Blütenanteil weicher und feiner, ebenso ein Hydrolat aus dem Kupfer-Alambic. Schnuppern oder schnüffeln Sie hinein und bilden Sie sich Ihre eigene Meinung.

Steckbrief: Lavendelhydrolat, aqua lavandulae officinalis

- **Wichtige Bestandteile** (nach Zimmermann, Hydrolate, siehe Seite 183): bis 68 % Linalool, bis 12 % Terpinen-4-ol, 7 % alpha-Terpineol und beta-Terpineol
- **Psychische Wirkung:** »Anti-Stress-Wasser«, ausgleichend, entspannend, beruhigend, Schlaf fördernd, aber auch stimulierend
- **Körperliche Wirkung** (nach Wabner, Taschenlexikon der Aromatherapie, siehe Seite 183): entzündungshemmend, antiviral, bakterizid, verdauungsfördernd
- **Praktische Verwendung:** Beruhigung entzündeter Hautstellen, Reinigung kleiner Schurfwunden in der Ersten Hilfe in Kombination mit ätherischem Lavendelöl, Erste-Hilfe-Spray bei kleinen Prellungen, Erste Hilfe bei Sonnenbrand, Gesichtswasser für trockene, gestresste oder entzündliche Haut, bei Akne, Gesichtswasser bei Couperose, beruhigend nach der Rasur, Bestandteil von Naturparfums für sensible Menschen
- **Arten der Anwendung:** Kissenspray, Raumduft, Körperspray, Schüttellotion, Parfum, Wäscheduft

Heilendes und Pflegendes

Der Duft im Raum

Nach schweren Krankheiten wurde früher mit Lavendel geräuchert. Auch nach dem Besuch unliebsamer Gäste wurde in Frankreich früher ein Tropfen Lavendelöl auf dem Herd, der mit Holz oder Kohle beheizt wurde, verdampft. Dadurch sollte im Raum wieder eine freundliche Atmosphäre entstehen. Bei unseren heute üblichen Herden kann ich Ihnen das natürlich nicht empfehlen. Die gleiche Wirkung erreichen Sie aber, wenn Sie ätherisches Lavendelöl in einer Duftlampe oder in einem Aromastream verdunsten oder ein Raumspray verwenden. Es wirkt stark keimhemmend, auch in der Raumluft. In England wird es daher zur Raumluftdesinfektion gegen infektiösen Hospitalismus genutzt.

Tipp Vorsicht: Familien mit Babys und Kleinkindern empfehle ich keinen Duft im Raum. Hier sind die ätherischen Öle der Therapie vorbehalten. Ärzte oder Heilpraktiker mit Fachwissen in Aromatherapie beraten Sie gerne, welche Öle geeignet sind und wie sie genau verdünnt werden müssen.

Lavendel in der Duftlampe

Wenn Sie eine Duftlampe nutzen, empfehle ich Ihnen, darauf zu achten, dass die Wasserschale ausreichend Abstand zur Wärmequelle hat: 7 – 12 cm Abstand sollten zwischen Teelicht und Wasserschale sein. Füllen Sie die Schale mit ausreichend Wasser und träufeln Sie das Hydrolat und/oder wenige Tropfen Ihrer Mischung ätherischer Öle hinzu. Die Anzahl der Tropfen richtet sich nach der Raumgröße und der Art der gewählten Öle. Verwenden Sie nur Düfte, die alle Bewohner und Bewohnerinnen gerne riechen. Achten Sie auf hochwertige Qualität der ätherischen Öle.

Für Ihren Duft in der Luft

Halten wir uns im Raum auf, gewöhnen wir uns an den Geruch der Luft, zum Beispiel aus der Duftlampe. Wir sind verführt, zu schnell nachzuträufeln. Wer den Raum von außen betritt, nimmt den Geruch dagegen intensiv wahr. Weniger ist hier mehr. Ist der erste Duft nach ein bis zwei Stunden verflogen, können Sie den Raum gerne einmal richtig durchlüften. Gönnen Sie Ihrer Nase und Ihrem Nervensystem eine Pause. Setzen Sie höchstens ein bis zwei Mal am Tag einen Impuls.

Bilder links: Gelungene Pflanzkombinationen für Ihren Lavendelgarten: oben mit Sorten des Heiligenkrauts *(Santolina)*, unten mit Sorten der blauen Edeldisteln *(Eryngium)*

Duftlampe »Lavendel total«

Zur Umstimmung der Atmosphäre nach Krankheit ... zur Umstimmung der Atmosphäre nach unangenehmen Gästen ... zur Entspannung vor dem Schlafengehen ... bei Entspannungsübungen (autogenes Training, progressive Muskelentspannung, Yoga) ... nach den Herausforderungen des Alltags ... einfach so ... entspannen und loslassen.

1 TL Lavendelhydrolat (aqua lavandulae officinalis)
3–4 Tropfen ätherisches Lavendelöl fein (Lavandula officinalis)

Duftlampe »Entspannt und heiter«

Meine Wohlfühlmischung: Lavendel für die Entspannung, Rosengeranie für hormonellen Ausgleich, Grapefruit für gute Laune.

1–2 Tropfen ätherisches Lavendelöl fein (Lavandula officinalis)
1–2 Tropfen ätherisches Rosengeranienöl (Pelargonium graveolens)
1–2 Tropfen ätherisches Grapefruitöl (Citrus paradisi)

Duftlampe »Neues wagen«

Diese Duftlampenmischung bewährt sich bei mir immer dann, wenn Veränderungen im Leben anstehen, zum Beispiel bei einem Wohnungswechsel oder im neuen Job. Das ätherische Öl des Zedernholzes hilft Altes loszulassen, der Lavendel wirkt Ängsten sanft entgegen und lässt entspannen und das rote Mandarinenöl hüllt uns in angenehmes Wohlgefühl von Wärme und Sonne.

1–2 Tropfen ätherisches Zedernholzöl (Cedrus atlantica)
1–2 Tropfen ätherisches Lavendelöl fein (Lavandula officinalis)
1–2 Tropfen ätherisches Mandarinenöl, rot (Citrus reticulata)

Lavendel im Aromastream

Eine besonders feine Raumbeduftung erhalten wir durch Verdampfung von Lavendelhydrolat *(aqua lavandulae officinalis)*. Hydrolate lassen sich besonders fein und effektiv mit speziellen Beduftungsgeräten, einem Aromastream oder Aromadiffusor, vernebeln. Entsprechende Geräte gibt es für unterschiedliche Raumgrößen. Der Aromastream wird elektrisch betrieben und eignet sich daher auch für den Einsatz bei Kindern, Senioren, in Krankenzimmern, im Büro oder bei Haustieren, wenn Sicherheit wichtig ist.

Tipp Achtung: Nicht jeder Diffusor ist für Hydrolate geeignet. Beachten Sie bitte die Hinweise der Hersteller!

Dufte Inhalierstifte für unterwegs

Im Büro, Wartezimmer, Krankenhaus oder Pflegeheim, in der Uni, im Theater oder Konzert, in der Bahn oder im Flugzeug: Nicht überall kommt der Duft im Raum bei anderen gut an. Der eine möchte sich konzentrieren, der andere kämpft gerade mit einer Schnupfennase, der nächste steht so richtig unter Strom. Gerade jetzt wäre der persönliche Duft ein wertvoller Helfer. Auf unsere Düfte für Körper und Seele brauchen wir auch unterwegs nicht zu verzichten. Wir können sie in der Handtasche, im Rucksack oder in der Anzugjacke mitnehmen. Unauffällig, sicher und vielleicht auch etwas chic darf es sein: Inhalierstifte sind eine elegante Lösung für unterwegs.

Inhalierstifte sehen aus wie Lippenstifte. Es gibt Modelle aus Kunststoff und aus Metall, jeweils in verschiedenen Farben. Die Plastikstifte, die ich kenne, lassen sich nach dem ersten Befüllen nur schwer wieder öffnen und neu beduften. Bei Stiften aus Aluminium und Glas gelingt dies leichter.

Wenn Sie mehrere Inhalierstifte in unterschiedlichen Farben haben, können Sie Ihre Duftthemen den Farben zuordnen: kühles Grün und Blau für Entspannung oder Erkältung, warmes Rot und Orange für Kreativität, Energie, Kraft oder Konzentration. Auf diese Weise erkennen Sie Ihren Stift oder Ihr Duftthema auf den ersten Blick. Bei der Auswahl Ihrer ätherischen Öle gehen Sie bitte der Nase nach. Verwenden Sie nur für Sie persönlich angenehm duftende Öle oder Ölmischungen und beachten Sie immer die Kontraindikationen oder Nebenwirkungen der einzelnen Öle.

3–8 Tropfen ätherische Öle

außerdem:
1 sauberer Inhalierstift

- Beduften Sie den Wattezylinder des Inhalierstiftes und bauen Sie ihn nach der Anleitung des jeweiligen Herstellers in den Inhalierstift ein. Wenn Sie nun die Kappe des Stiftes abziehen, können Sie durch die Riechschlitze am Duft schnuppern. Auf diese Weise haben Sie Ihren persönlichen »Duft in der Luft« immer bei sich. Sie können den Stift mehrmals am Tag nutzen. Atmen Sie den Duft zehn bis zwanzig Atemzüge lang ein. Atmen Sie ruhig und gleichmäßig. Die Wirkung entsteht durch wiederholte Anwendung.
- Lässt der Duft nach ein paar Wochen nach, schrauben Sie den Stift auf und beträufeln den Wattezylinder ein zweites Mal. Ab dem dritten Mal tausche ich den Wattezylinder gegen einen neuen, da ätherische Öle, die längere Zeit mit Sauerstoff in Kontakt kommen, Oxide bilden können, die unserer Gesundheit nicht förderlich sind. Dasselbe gilt natürlich, wenn ich den Duft wechsle: Ich reinige das Glasröhrchen des Stiftes gründlich und setze einen neuen Wattezylinder ein.

SOLAURE
HUILE ESSENTIELLE
Lavande vraie

Inhalierstift »Freie Nase«
3 Tropfen ätherisches Lavendelöl extra (Lavandula officinalis)
3 Tropfen ätherisches Eukalyptusöl (Eucalytus radiata)

Inhalierstift »Sich selbst in den Arm nehmen«
4 Tropfen ätherisches Lavendelöl fein (Lavandula officinalis)
4 Tropfen ätherisches Orangenöl, süß (Citrus × sinensis)

Inhalierstift »Fit und konzentriert«
1 Tropfen ätherisches Lavendelöl fein (Lavandula officinalis)
2 Tropfen ätherisches Rosmarinöl (Rosmarinus officinalis)
3 Tropfen ätherisches Zitronenöl (Citrus limonum)

Entspannung im Reisegepäck: der Roll-on

Der Roll-on ist für mich die Entspannung im Reisegepäck: Dieser kleiner Glasstift, der wie ein Deo-Roller funktioniert, passt in die Handtasche und in den Aktenkoffer. Er begleitet mich auf anstrengenden Dienstreisen, bei langen Autofahrten oder zu Seminaren. Wenn ich am Abend nach einem erlebnisreichen Tag oder nach einer langen Fahrt entspannen möchte, trage ich ihn am Handgelenk im Bereich des Pulses auf. Dort wirkt er besonders schnell. Manchmal verstärke ich die Wirkung, indem ich die Handinnenflächen zusätzlich abrolle. Es hilft mir loszulassen, leichter zu entspannen, und ich finde schneller in den Schlaf.

Im Laufe der Zeit hat er sich zum » Roll-on für alle Fälle« entwickelt. Bei leichten, krampfartigen Kopfschmerzen hilft er mir, aufgetragen an Schläfen und Stirn oder auch im Nacken. Bei Jetlag trage ich ihn besonders gerne im Nacken und am Handgelenk in der Pulsregion auf. Mein Körper stellt sich dann schneller auf den neuen Schlaf-wach-Rhythmus um.

Die Haltbarkeit selbst gemachter Produkte hängt von unterschiedlichen Faktoren ab, wie der Sauberkeit beim Arbeiten, der Haltbarkeit der verwendeten Öle, der Temperatur oder dem Lichteinfluss bei der Aufbewahrung und auch der Häufigkeit der Nutzung. Achten Sie immer auf Hygiene und kontrollieren Sie selbst gemachte Produkte regelmäßig. Dann hält sich eine Roll-on-Mischung meiner Erfahrung nach gut über mehrere Monate. Sollten Sie Trübungen oder einen veränderten Geruch feststellen, benutzen Sie die Mischung nicht mehr weiter.

Tipp Die Roll-on-Mischung nur auf die intakte, unverletzte Haut auftragen. Aus hygienischen Gründen verwenden Sie den Roll-on bitte nur für eine Person. Vorsicht: Auch Ölmischungen mit ätherischen Ölen nie in die Augen bringen! Beschriften Sie Ihre Mischung mit einem schönen Etikett, einem kreativen Namen und dem Herstelldatum. Meist überlege ich mir, was ich mit meiner Mischung erreichen möchte oder welcher Name ein Lächeln auf mein Gesicht zaubert.

Bilder links: Schnuppern Sie hinein in die nährende Welt der Aromapflege:
oben: Der »Roll-on für alle Fälle« passt in jede Handtasche.
unten: Schicke und praktische Inhalierstifte für Ihren Dufthelfer unterwegs

Roll-on Let it be

Der Roll-on »Let it be« wirkt besonders gut, wenn er am Handgelenk in der Pulsregion, im Nacken, an den Schläfen oder auf der Stirn aufgetragen wird.

10 ml Jojojabaöl
5 Tropfen ätherisches Lavendelöl extra (Lavandula officinalis)

außerdem:
1 saubere Roll-on-Flasche aus Glas (Volumen 10 ml)

- In die Roll-on-Flasche Jojabaöl und ätherisches Lavendelöl füllen. Den Roll-on-Verschluss fest aufstecken und die Ölmischung mehrfach verschütteln. Vor jeder Anwendung die Flasche fünf bis sechs Mal kräftig durchschütteln.

Schmerz-Roll-on für alle Fälle

Für den Schmerz-Roll-on eignet sich das Johanniskraut-Öl-Mazerat besonders gut. Johanniskraut wird in der Volksheilkunde oft als »Arnika der Nerven« bezeichnet. Wissenschaftlich belegt ist die antientzündliche Wirkung. Bei Behandlung von Nervenreizungen oder rheumatischen Beschwerden ist dieses Mazerat eine hervorragende Grundlage. In Kombination mit ätherischem Cajeputöl und Lavendelöl entsteht ein einfacher, wirkungsvoller Schmerz-Roll-on für unterwegs, der noch dazu sehr gut verträglich ist. Wir nutzen in dieser Mischung die schmerzlindernde Wirkung des Cajeputöls und die entzündungshemmende und krampflösende Wirkung des Lavendelöls in einem Verhältnis von 1:2.

10 ml Johanniskrautöl
8 Tropfen ätherisches Lavendelöl extra (Lavandula officinalis)
4 Tropfen ätherisches Cajeputöl (Melaleuca cajuputi *oder* Melaleuca leucadendra)

außerdem:
1 saubere Roll-on-Flasche aus Glas (Volumen 10 ml)

- Johanniskrautöl und ätherische Öle in die Roll-on-Flasche füllen. Den Roll-on-Verschluss fest aufstecken und die Ölmischung mehrfach verschütteln.
- Diese Mischung wird vier bis fünf Mal täglich auf die betroffene Stelle aufgetragen. Vor jeder Anwendung die Flasche fünf bis sechs Mal kräftig durchschütteln. Während einer Schwangerschaft das ätherische Cajeputöl bitte nicht ohne Rücksprache mit Aromatherapeuten verwenden.

Bilder rechts: Lavendel und Bienen sind immer ein gutes Team, Lavendelimpressionen aus Cullerne Gardens, Findhorn, 2010

Badevergnügen mit Lavendel

Das Aroma-Vollbad

Mit ätherischen Ölen können Sie Ihr persönliches Aromabad genießen. Sie können die Ölmischungen auf Ihr Befinden abstimmen und damit sicher sein, dass keine unerwünschten Zusatzstoffe oder synthetische Öle enthalten sind.

Aromabad »Die Seele baumeln lassen«

Meersalz wirkt reinigend auf unser Energiefeld und entspannt. In Kombination mit ätherischem Lavendelöl können wir richtig gut loslassen. Der Herzensduft der Rose harmonisiert und gleicht aus. Ätherisches Rosenöl bewirkt die Ausschüttung von Serotonin im Körper. Es ist ein richtiges Öl zum Glücklichsein.

4 Tropfen ätherisches Lavendelöl fein oder extra (Lavandula officinalis)
1 Tropfen ätherisches Rosenöl (Rosa damascena)
oder 4 Tropfen ätherisches Rosenöl 10 % (Rosa damascena)
3–4 EL grobes Meersalz

- Die ätherischen Öle in ein sauberes Glasgefäß geben. Den Boden des Gefäßes gleichmäßig mit den Ölen benetzen. Das Meersalz hinzugeben. Salz und ätherische Öle mit einem Löffel vermischen. Die duftende Meersalzmischung in das einlaufende Badewasser geben und das Salz auflösen, indem Sie mit Ihrer Hand ein paar Mal durch das Wasser kreisen.

Aromabad »Durchatmen und loslassen«

Bei mir hat sich diese Mischung bewährt, um hartnäckigen Husten auszuleiten – wenn ich schon fast wieder gesund bin, aber ein Rest Husten einfach nicht so recht loslassen möchte. Bitte verwenden Sie es nicht in der akuten Phase, wenn Sie Fieber haben oder sich noch richtig schwach fühlen. Fragen Sie dann bitte Ihren Arzt, ob Sie bereits wieder ein Vollbad nehmen dürfen.

Auch bei Verspannungen ist dieses Bad eine Wohltat. Der Majoran wirkt wärmend und entspannend auf die Muskulatur. Weil Majoranöl auch entkrampfend auf die Gebärmuttermuskulatur wirkt, nutzen Sie es bitte nicht eigenständig während einer Schwangerschaft. Schlimmstenfalls können Sie einen Abgang auslösen.

4 Tropfen ätherisches Lavendelöl fein (Lavandula officinalis)
2–3 Tropfen ätherisches Majoranöl (Origanum majorana)
2 EL Sahne oder Hafersahne

- Die ätherischen Öle mit Sahne oder Hafersahne verrühren. Anschließend diese Mischung in die Badewanne geben. Ich lasse sie langsam in das einlaufende Wasser fließen.

Wichtige Hinweise für Ihr Aromabad

- Nutzen Sie nur Öle, bei denen Sie sicher sind, dass Sie sie vertragen (siehe Seite 145).
- Achten Sie auf hohe Qualität Ihrer Zutaten! Die Haut isst mit!
- Ätherische Öle sind nicht wasserlöslich. Sie dürfen daher niemals pur in die Badewanne gegeben werden. Wie dicke Fettaugen würden sie auf dem Wasser schwimmen und bei Augenkontakt die Schleimhaut schädigen. Deshalb verdünnen wir das ätherische Öl zunächst in wenig Sahne, Hafersahne, Milch, Salz oder Honig. Das ätherische Öl wird auf diese Weise in feinste Tröpfchen verteilt und kann nun gefahrlos dem Badewasser zugegeben werden.
- Meine Rezepte gelten für Erwachsene. Für Kinder müssen die Auswahl der Öle und die Dosierung angepasst werden.
- Die Badetemperatur beträgt für gesunde Erwachsene 35–38 °C, je nach Konstitution.
- Entspannen Sie in Ihrem Aromabad mindestens 10 bis etwa 20 Minuten. Die Wirkung des Bades können Sie verstärken, indem Sie danach im Bett oder auf dem Sofa, eingehüllt in eine warme Decke, nachruhen und sich eine kleine Auszeit gönnen.

Aromabad »Die Abwehrtruppen aktivieren«

Besonders in der kalten Jahreszeit, wenn alles um uns schnupft und hustet, wirkt ein Aromabad richtig wohltuend. Eukalyptusöl lässt uns tief durchatmen und stärkt die Abwehrkräfte. Ich schätze die Kombination mit Lavendel fein.

Das Eukalyptusbad eignet sich ausschließlich für Erwachsene. Wenn Sie unter spastischen Atemwegserkrankungen wie Asthma leiden, empfehle ich Ihnen eine Anwendung ohne Rücksprache mit dem Arzt nicht. Dasselbe gilt während einer Schwangerschaft.

4 Tropfen ätherisches Lavendelöl fein (Lavandula officinalis)
2–3 Tropfen ätherisches Eukalyptusöl (Eucalyptus radiata)
2 EL Sahne oder Hafersahne

⁕ Die ätherischen Öle mit Sahne oder Hafersahne mischen. Dann dem Badewasser zugeben. Ich lasse sie langsam in das einlaufende Wasser fließen.

Tipp Wichtig: Beachten Sie bitte die lateinischen Bezeichnungen der ätherischen Öle. Gerade bei ätherischen Eukalyptusölen gibt es unterschiedliche Arten, die sich in den Inhaltsstoffen, in ihrer Wirkung und in ihren Kontraindikationen stark unterscheiden.

Das kleine Abendritual: Handbad und Fussbad

Sanft, aber oho: Die heilende Kraft der Handbäder und Fußbäder mit Kräutern wird oft unterschätzt. Diese Bäder sind zeiteffizient. Man benötigt viel weniger Wasser, als für ein Vollbad notwendig ist. Ich schätze diese Bäder mit Hydrolaten. Über die Reflexzonen an Händen und Füßen wirken sie auf den gesamten Körper ein.

Das Fußbad: Entspannung im Alltag

Unsere Füße tragen uns Tag für Tag. Sie verzeihen uns so manchen unbequemen, aber modisch angesagten Schuh, sie meistern Kopfsteinpflaster und Asphalt, und beim einen oder anderen tragen sie auch so manches Kilo zu viel. Unsere Füße tragen uns buchstäblich durchs Leben. Oft merken wir erst, wie wichtig sie sind, wenn beim Älterwerden Schmerzen oder Verformungen auftreten. Unsere Füße verdienen unsere Wertschätzung und Pflege. Mit diesem Abendritual pflegen und nähren wir sie. Es ist ein kleines Ritual mit großer Wirkung.

- Füllen Sie Ihre Fuß-Badewanne mit angenehm warmem Wasser (3–5 l).
- Geben Sie 15–20 ml Lavendelhydrolat *(aqua lavandulae officinalis)* in das Wasser. Die Dosierung hängt von der Güte des Hydrolates ab. Ich schätze für mich selbst die Kraft der Steine. Daher lege ich eine Amethystspitze in das Bad mit Lavendelhydrolat. Der Amethyst wirkt meiner Wahrnehmung nach positiv auf das Nervensystem. Gleichzeitig fördert er die heilsame Wirkung des Lavendels. Entspannen Sie Ihre Füße 10 Minuten im warmen Wasser. Sie dürfen Ihre Füße ab und zu ein wenig im Wasser bewegen. Die Wirkstoffe werden dadurch besser aufgenommen.
- Die Wirkung wird verstärkt, wenn Sie nach dem Fußbad 15–20 Minuten nachruhen. Am besten bereiten Sie das Fußbad direkt neben Sofa oder Bett vor. Streifen Sie das Wasser von den Füßen ab (nicht abtrocknen) und wickeln Sie die Füße in ein Handtuch, damit Sofa oder Bett nicht nass werden. Kuscheln Sie sich in eine Decke, spüren Sie der wohltuenden Wirkung des Lavendelhydrolats nach und entspannen Sie ein wenig. Nach 15–20 Minuten sind Ihre Füße nahezu trocken. Trocknen Sie bitte die Restfeuchtigkeit zwischen den Zehen mit einem Handtuch gut ab.
- Eine sanfte Massage mit einem duftenden Körperöl oder Fußbalsam rundet das Fußbad ab. Halten Sie die Füße nun gut warm, zum Beispiel mit ein paar kuscheligen Wollsocken.

Dufter Tipp: gepflegte Füße – lästige Hornhaut meistern

Übermäßige Hornhaut an den Füßen bildet sich oft durch Veranlagung, bei Fehlbelastungen oder beim Älterwerden. Nach dem Fußbad mit Lavendelhydrolat ist die Hornhaut gut aufgeweicht und nicht mehr so hart. Sie können sie nun vorsichtig mit einem Bimsstein (natürliches Vulkangestein) etwas abschmirgeln. Bims wirkt sanft, seine Anwendung erfordert regelmäßige Wiederholung. Vermeiden Sie das Schmirgeln auf intakter Haut ... auch sie lässt sich mit Bimsstein leicht verletzen.

Haut und Hornhaut sind an den abgeschmirgelten Stellen ein wenig rau. Ein duftendes Körperöl oder ein Fußbalsam pflegen und nähren die Füße und geben ein angenehmes Körpergefühl. Sie können die Füße einfach mit Johanniskrautöl einreiben. Noch besser ist eine Mischung mit Sheabutter. Sheabutter wirkt günstig auf verhornte Hautstellen und macht sie etwas weicher.

Da sich in den Poren des Bimssteins Hornhautschüppchen ablagern, empfehle ich eine gründliche Reinigung des Steins nach jeder Anwendung, am besten mit einer separaten Zahnbürste.

Fußbalsam »Streicheleinheiten«

Dieser Fußbalsam ist sehr ergiebig. Ein erbsengroßes Stückchen reicht. Lassen Sie den Balsam gut einziehen. Haben Sie zu viel erwischt, ziehen Sie nach dem Eincremen beim Gehen besser Socken und Schuhe an, damit Sie auf glatten Oberflächen wie Fliesen nicht ausrutschen. Der Balsam zieht gut ein, wirkt sehr pflegend und ist eine kleine Streicheleinheit für Ihre Füße.

35 g Sheabutter
15 ml Johanniskrautöl
9 Tropfen Sanddornfruchtfleischöl (Vorsicht, färbt stark!)
5 Tropfen ätherisches Lavendelöl fein oder extra (Lavandula officinalis)
3 Tropfen ätherisches Rosengeranienöl (Pelargonium graveolens)

außerdem:
1 sauberer Cremetiegel aus dunklem Glas

- Die Sheabutter in ein hitzefestes, steriles Glasgefäß geben und bei milder Temperatur im Wasserbad schmelzen. Das Gefäß aus dem Wasserbad nehmen und außen abtrocknen. Das Johanniskrautöl mit einem hitzebeständigen Glasstab unterrühren, ebenso Sanddornfruchtfleischöl und die ätherischen Öle. Den Balsam in einen sterilen Cremetiegel aus dunklem Glas, am besten dunkelblau, füllen. Im Kühlschrank wird er schnell fest.
- Ich bewahre meinen Balsam im Kühlschrank auf. Da er kein Wasser enthält, richtet sich die Haltbarkeit des ungeöffneten Produktes nach der Haltbarkeit der verwendeten Zutaten. Wichtig: mit sterilen Glasgefäßen arbeiten und mit einem sauberen Glasspatel entnehmen.

Das Handbad: Kraft tanken und wohlfühlen

Unsere Handinnenflächen und die Pulsregion am Handgelenk sind sehr sensible Zonen unseres Körpers. Dort werden Substanzen, die wir auftragen, besonders gut aufgenommen. Diese besondere Eigenschaft nutzen wir bei der Anwendung des Roll-on (siehe Seite 153), aber auch bei einem Handbad.

- Füllen Sie eine kleine Wanne mit angenehm warmem Wasser (3–5 l).
- Geben Sie 5–10 ml Lavendelhydrolat *(aqua lavandulae officinalis)* und 5–10 ml Rosenhydrolat *(aqua rosae)* in das Wasser. Die Dosierung hängt von der Güte der Hydrolate ab. Ich lege zusätzlich eine Amethystspitze und einen Madagaskar-Rosenquarz in Form eines Handschmeichlers in das Handbad. Amethyst haben Sie bereits beim Fußbad kennengelernt. Rosenquarz wirkt liebevoll harmonisierend und löst sanft Energieblockaden. Amethyst und Rosenquarz wirken gemeinsam harmonisierend auf das Nervensystem.
- Baden Sie Ihre Hände im duftenden Wasser. Besonders wirkungsvoll ist das Handbad, wenn die Pulsregion am Handgelenk ebenfalls mit Wasser benetzt wird. Meist reichen 5–10 Minuten. Baden Sie nur so lange, wie es sich angenehm anfühlt. Danach streifen Sie das Wasser von den Händen ab – nicht abtrocknen, die Wirkung ist dann intensiver.
- Entspannen Sie 10–15 Minuten. Nach dem Bad kann sich die Haut ein wenig trocken anfühlen. Ein schützender, nährender und pflegender Handbalsam rundet die Schönheitspflege Ihrer Hände ab.

Handbalsam »Schutzengel«

4 g Bienenwachs
50 ml Mandelöl
9 Tropfen Sanddornfruchtfleischöl (Vorsicht, färbt stark!)
7 Tropfen ätherisches Lavendelöl fein oder extra (Lavandula officinalis)
5 Tropfen ätherisches Rosenöl (Rosa damascena)

außerdem:
1 sauberer Cremetiegel aus dunklem Glas

- Das Bienenwachs mit dem Mandelöl in ein hitzebeständiges Becherglas geben und in ein Wasserbad stellen. Das Bienenwachs bei möglichst niedriger Temperatur schmelzen. Immer wieder umrühren. Nach dem Schmelzen aus dem Wasserbad nehmen. Unter Rühren etwas abkühlen lassen. Das Sanddornfruchtfleischöl und die ätherischen Öle zugeben und gut durchrühren. In einen sterilen Cremetiegel aus dunklem Glas, am besten dunkelblau, füllen.
- Den Balsam ganz abkühlen lassen. Kühl und dunkel aufbewahren und immer mit einem sauberen Glasspatel entnehmen. Gerade in der kalten Jahreszeit legt sich der Handbalsam wie ein schützender Mantel um die Haut der Hände.

Körperöle und Massageöle mit Lavendel

Wohltat für den Rücken: Johanniskraut-Lavendel-Öl

Stress, einseitige Haltung, zu wenig Bewegung, Arbeit am Computer oder im Büro – schnell ist es passiert: Der Rücken ist verspannt und schmerzt. Oft merkt man es am Wochenende oder im Urlaub, genau dann, wenn die Anspannung ein wenig nachlässt.

Ich schätze die einfachen Dinge, die lindern und mit denen ich mir etwas Gutes tun kann. Mein selbst gemachtes Johanniskrautöl mit Pflanzen aus meinem Kräuterspiralgarten ist mir in den letzten Jahren ein wertvoller Begleiter geworden. Tatsächlich empfinde ich Pflanzenkräfte aus dem eigenen Garten oder selbst hergestellt am wirkungsvollsten für mich. Wissenschaftlich erklären lässt sich das nicht. In der Praxis macht die Liebe und Achtsamkeit, die wir in den Garten, in die Pflanzen, in die Verarbeitung stecken, aber doch den feinen Unterschied. Vielleicht werden unsere Selbstheilungskräfte und unser innerer Arzt besonders gut aktiviert durch Dinge, die wir lieben.

In der Erfahrungsheilkunde ist die lindernde Wirkung des Johanniskrautöls bei Verspannung der Rückenmuskeln, bei rheumatischen Erkrankungen und Reizungen der Nerven bis hin zum Hexenschuss gut bekannt. Auch die wissenschaftliche Medizin empfiehlt die äußerliche Anwendung in der Nachbehandlung von Schmerzen und Entzündungen der Muskeln wie Muskelkater.

Bereits die Anwendung des reinen Johanniskrautöls kann lindern. In Kombination mit Hydrolaten und ätherischen Ölen können wir die Wirkung noch verstärken. Mit seinen entzündungshemmenden, entkrampfenden und entspannenden Eigenschaften ist unser Lavendel hier der perfekte Partner.

Johanniskraut-Lavendel-Öl

Lavendelhydrolat (aqua lavandulae officinalis) *in der Sprühflasche*
Massageöl aus:
50 ml Johanniskrautöl
12 Tropfen ätherischem Lavendelöl fein oder extra (Lavandula officinalis)

- Ich sprühe die verspannte Haut mit Lavendelhydrolat ein. Dafür fülle ich eine kleine Menge in eine sterile 30-Milliliter-Sprühflasche ab. Das Hydrolat darf nicht zu kalt sein, sondern soll Raumtemperatur haben.
- Ich gebe ein wenig Massageöl in meine Handinnenfläche und trage es sanft auf der feuchten Haut auf, bis es gut verteilt und eingezogen ist. Anschließend halte ich den Rücken angenehm warm. Hilfreich ist ein Schaffell auf dem Lieblingsplatz oder als Unterlage zum Schlafen im Bett. Es wirkt wärmend und harmonisierend. Dieser kleine Trick ist in so manch fremdem Hotelbett hilfreich, das nicht so perfekt auf den Rücken abgestimmt ist.

Entspannung für Bauchgehirn und Sonnengeflecht: Ringelblume, Rose und Lavendel

Gehören Sie auch zu den Menschen, die über den Bauch reagieren? Wenn wir verliebt sind, haben wir Schmetterlinge im Bauch. Sind wir aufgeregt, spüren wir ein kleines Kribbeln im Bauch, und manchmal bereitet uns ein Problem buchstäblich Bauchschmerzen. Wir handeln aus dem Bauch heraus, aus einer stillen Kompetenz. Was hat es auf sich mit diesem Bauchgefühl, das fast jeder kennt und nicht so recht fassen kann?

Nachgewiesen ist, dass unser Verdauungssystem ein autonomes Nervensystem besitzt. Wir nennen es einfach »Bauchgehirn« oder fachlich »enterisches Nervensystem«. Über Botenstoffe steht es in ständigem Austausch mit unserem Gehirn. Es spielt eine große Rolle für unsere Immunabwehr und unsere körperliche und seelische Gesundheit. Zur Entspannung des Bauchgehirns möchte ich Ihnen ein einfaches Dreigespann vorstellen: Dafür verbinden wir die Pflanzenkraft der Rose, der Ringelblume und des Lavendels. Es wirkt positiv auch auf das Sonnengeflecht, den Solarplexus, ein ebenfalls autonomes Nervengeflecht im Oberbauch.

Ringelblumen-Rosen-Lavendelöl

Massageöl aus:

50 ml Ringelblumenöl
5 Tropfen ätherischem Lavendelöl extra (Lavandula officinalis)
3 Tropfen ätherischem Rosenöl (Rosa damascena)

Rosenhydrolat (aqua rosae) *in der Sprühflasche*

- Geben Sie etwas Massageöl (1 TL reicht völlig) in die Handinnenfläche, fügen Sie einen Sprühstoß Rosenhydrolat (Raumtemperatur) dazu und verreiben Sie die Mischung kurz zwischen den Händen. Tragen Sie es dann in sanft kreisenden Bewegungen um den Bauchnabel auf. Oberhalb des Bauchnabels bitte von rechts nach links und unterhalb des Bauchnabels von links nach rechts arbeiten. Es reicht, die Mischung sanft und liebevoll aufzutragen. Bedenken Sie: Sie befinden sich direkt an einer Schaltzentrale des Nervensystems. Die Pflanzen entfalten ihre Wirkung von ganz alleine.

Bilder rechts: Die Ringelblume *(Calendula officinalis)* hält mit ihrem kraftvollen Orange heilende Pflanzenenergien für uns bereit.

Lavendelpflege für gereizte und unreine Haut

Für gereizte oder unreine Haut habe ich Ihnen ein kleines Verwöhnprogramm mit Lavendel zusammengestellt, das entzündungshemmend und lindernd wirkt. Pflegen Sie Ihre Gesichtshaut einmal in der Woche mit einem Gesichtsdampfbad und einer anschließenden Maske und tragen Sie dann die darauf abgestimmte kostbare Hautpflege mit Lavendel auf. Die Hautpflege können Sie täglich nutzen.

1. Gesichtsdampfbad mit Lavendel

Nach dem Waschen des Gesichts wirkt ein Gesichtsdampfbad reinigend und klärend. Durch den warmen Wasserdampf öffnen sich die Poren der Haut. Lavendel und Rose wirken beruhigend und entzündungshemmend. Kontraindikationen sind Sonnenbrand, Herpesinfektionen oder Verletzungen und Wunden im Gesichtsbereich.

20 abgerebelte Stängel oder 7 Blütenstängel Lavendel
1 ungespritzte getrocknete Duftrose, zum Beispiel 'Rose de Resht', Blütenblätter
½–1 l heißes Wasser

- In einem kleinen Topf Lavendel und Rosenblütenblätter mit dem heißen Wasser übergießen. Umrühren und 5 Minuten abgedeckt ziehen lassen. Das Gesicht über den Topf halten und ein Handtuch über den Kopf legen. Die Temperatur sollte nicht zu heiß sein und sich angenehm warm auf der Haut anfühlen.
- 5–10 Minuten über dem warmen Wasser bleiben und ruhig atmen (durch die Nase einatmen, durch den Mund ausatmen). Die nasse Gesichtshaut vorsichtig mit einem Handtuch abtupfen. Nach dem Dampfbad nicht gleich ins Freie gehen. Die Haut vor dem Auftragen der Gesichtsmaske abkühlen lassen.

2. Gesichtsmaske in Grün für eine klare Haut

Nach dem Gesichtsdampfbad wirkt eine Maske aus grüner Mineralerde reinigend und klärend. Die Körnung der grünen Mineralerde aus Frankreich ist besonders fein. Sie hat eine ausgesprochen gute Wirkung auf unreine Haut.

- Geben Sie 1 gestrichenen EL grüne Heilerde locker und flach verteilt in ein Glasschälchen. ½ EL Lavendelhydrolat *(aqua lavandulae officinalis)* hinzugeben, nicht umrühren. Lassen Sie der Heilerde ein wenig Zeit, die Flüssigkeit aufzusaugen. Eventuell braucht es noch etwas mehr Lavendelhydrolat, sodass eine streichfähige Paste entsteht. Sie darf nicht zu dünnflüssig sein.

- Tragen Sie die Paste unter Aussparung des Mundes und der Augenpartie auf die Gesichtshaut auf und lassen Sie sie 5–10 Minuten einwirken. Nach dem Antrocknen die Maske mit lauwarmem Wasser abspülen oder mit einem feuchten Waschlappen oder Schwämmchen abnehmen. Achten Sie darauf, dass nichts in die Augen gelangt. Tupfen Sie Ihr Gesicht trocken.

3. Kostbare Lavendelpflege

Diese Mischung aus Hydrolaten, fettem Öl und ätherischem Öl wirkt intensiv pflegend, beruhigend und entzündungshemmend auf gereizte Haut. Auch bei zu Unreinheiten neigender Haut ist die Mischung hilfreich. Arganöl ist eines der wenigen Öle, das auch bei einer fettigen Haut mit Akne das Hautbild positiv beeinflussen kann. Es wird aus den Kernen der Früchte des Arganbaumes gewonnen und auch »marokkanisches Gold« genannt. Besonders empfehlenswert ist es für unreine Haut oder auch für Problemhaut. In Mischungen für reife Haut kann es die Regeneration fördern.

Tonikum:
15 ml Rosenhydrolat (aqua rosae)
10 ml Lavendelhydrolat (aqua lavandulae officinalis)

außerdem:
1 saubere Glasflasche mit Sprühkopf (Volumen 30 ml)

Hautöl:
25 ml Arganöl
3 Tropfen ätherisches Rosenöl (Rosa damascena)

außerdem:
1 saubere Glasflasche mit Schraubverschluss (Volumen 30 ml)

- Nach der Gesichtsreinigung tragen Sie das Tonikum aus der Sprühflasche mit einem Kosmetikschwämmchen oder Wattebausch auf Ihre Gesichtshaut auf. Es wirkt beruhigend und entzündungshemmend.
- Anschließend tragen Sie das pflegende Hautöl auf.

Pflegebalsam für Narben

Je eher Narben in ihrem Heilungsprozess aromatherapeutisch unterstützt werden, desto besser ist der Heilungsverlauf. Die Bildung von hypertrophen Narben und Narbenkeloid, das später das wulstige Aussehen von Narben ausmacht, kann sehr oft verhindert werden.

Die akute aromatherapeutische Narbenpflege gehört in die Hand eines Aromatherapeuten, da sie an den Heilungsverlauf der Wunde angepasst werden muss. Oft wird bereits die Wundheilung durch ätherisches Lavendelöl unterstützt, das in der Umgebung rund um die Narbe verteilt wird. Das ätherische Öl dringt in das Gewebe ein und sucht sich seinen Weg. Nach der ersten Wundheilung kann mit einer pflegenden Mischung aus Lavendelöl, Wildrosenöl und Jojobaöl gearbeitet werden. Fragen Sie Ihren Therapeuten. Diese Maßnahmen müssen unbedingt in ein Gesamtkonzept eingebunden werden.

Nach Abheilung der Narbe und bei älteren Narben können Sie in der Selbstpflege eine Verbesserung des Hautbildes erreichen. Je länger eine Narbe besteht, desto mehr Geduld brauchen Sie dafür.

Wildrosen-Lavendel-Balsam für Narben

Aromapflege mit Lavendel ist sehr wirkungsvoll für kosmetisch schönen Heilungsverlauf von Narben. Das ätherische Lavendelöl wirkt keimhemmend und entzündungshemmend. Wohltuend und pflegend ist die Kombination mit Wildrosenöl aus den Kernen der Hagebutten von Wildrosen *(Rosa rubiginosa)*. Es stärkt das Bindegewebe bei Dehnungsstreifen, kann Altersflecken und Pigmentflecken mindern, fördert die Regeneration der Haut und wirkt glättend. Besonders segensreich ist dieses Öl bei der Heilung von Narben. Professionell eingesetzt, unterstützt es eine glatte und elastische Abheilung.

35 g Sheabutter
15 ml Wildrosenöl (Vorsicht, färbt stark!)
9 Tropfen Sanddornfruchtfleischöl (Vorsicht, färbt stark!)
9 Tropfen ätherisches Lavendelöl extra oder fein (Lavandula officinalis)
5 Tropfen ätherisches Rosengeranienöl (Pelargonium graveolens)
3 Tropfen ätherisches Weihrauchöl (Boswellia sacra)

außerdem:
1 sauberer Cremetiegel aus dunklem Glas
Rosenhydrolat (aqua rosae) *in der Sprühflasche*

* Die Sheabutter im Wasserbad bei möglichst geringer Temperatur schmelzen. Das Wildrosenöl und das Sanddornfruchtfleischöl mit einem sauberen Glasstab unterrühren. Die ätherischen Öle untermischen.

- Den Balsam in einen sterilen Cremetiegel füllen und beim Abkühlen immer wieder umrühren, bis er fest geworden ist. Ich bevorzuge Tiegel aus blauem Glas. Bewahren Sie Ihren Balsam kühl auf und entnehmen Sie ihn mit einem sauberen Glasspatel.
- Sprühen Sie die Narbe einmal bis zweimal täglich, zum Beispiel morgens und abends, mit Rosenhydrolat ein und tragen Sie anschließend den Wildrosen-Lavendel-Balsam auf.

Tipp Sheabutter wird aus Nüssen des Karitébaums oder Sheanussbaums *(Vitellaria paradoxa)* gewonnen. Sie eignet sich besonders gut zur Herstellung von Balsamen, einer Mischung aus Fetten und Ölen. Sheabutter ist sehr gut hautverträglich und hat wenig Eigengeruch. In der Hautpflege bindet sie die Feuchtigkeit und fördert die Geschmeidigkeit. In der Narbenpflege verbessert sie die Elastizität in der Haut. Weihrauchöl *(Boswellia sacra)* wirkt epithelisierend, entzündungshemmend und unterstützt die Abheilung von Narben.

Erste Hilfe bei Sonnenbrand

Ein guter Sonnenschutz und eine achtsame Gewöhnung an die Sonnenstrahlen sind wichtig für die Gesunderhaltung unserer Haut bis in das hohe Alter. Hat uns dennoch einmal ein Sonnenbrand erwischt, bietet unser Freund, der Lavendel, seine Hilfe an.

Cool down mit Lavendelhydrolat

Lavendelhydrolat *(aqua lavandulae officinalis)* als Spray ist die erste Hilfe nach dem Sonnenbrand. Im Sommerurlaub habe ich immer ein Fläschchen davon in meinem Reisegepäck dabei. Es wirkt entzündungshemmend und beruhigend. Wir können es direkt und pur auf die gereizte Haut sprühen. Es fühlt sich angenehm kühlend an und wirkt der Entzündung sofort entgegen.

Omas Erfahrungsschatz: Johanniskrautöl mit Lavendel

Johanniskrautöl wurde bereits früh in der traditionellen europäischen Heilkunde bei Verbrennungen eingesetzt. Auch die Volksheilkunde kennt es als wirksame Hautpflege nach Sonnenbrand. Seine entzündungshemmende Wirkung lässt sich durch die Zugabe von ätherischem Lavendelöl verstärken: 2 Tropfen ätherisches Lavendelöl fein *(Lavandula officinalis)* auf 2 EL Johanniskrautöl geben. Tragen Sie diese Mischung dünn auf die entzündete Hautpartie auf. Sie bringt sehr schnell eine gute Linderung.

Tipp Es ist selbstverständlich, dass wir die Haut nach dem Sonnenbrand nicht gleich wieder einer direkten, intensiven Sonnenbestrahlung aussetzen. Dies gilt insbesondere dann, wenn sie mit Johanniskrautöl behandelt wurde (siehe Seite 141).

Intensive Feuchtigkeitspflege: Quarkauflage mit Lavendel

Die Quarkauflage mit Lavendel bietet intensive Feuchtigkeitspflege nach dem Sonnenbrand. Sie kühlt angenehm und schenkt pflegende Rückfettung. Bestandteile des Quarks, wie das Casein, wirken zusätzlich entzündungshemmend. Ich bevorzuge Bioquark in hochwertiger Qualität, da er besonders wertvolle Fettsäuren enthält. Nicht geeignet ist die Quarkauflage bei schweren Verbrennungen, wenn die Haut Blasen zeigt, oder bei Verbrennungen größerer Hautareale. Dann suchen Sie bitte umgehend einen Arzt auf.

- 2–5 EL Quark aus dem Kühlschrank nehmen und etwas warm werden lassen. Zum Quark 2–3 Tropfen ätherisches Lavendelöl fein *(Lavandula officinalis)* geben und unterrühren.
- Den Lavendelquark 0,5–1 cm dick auf die gerötete Stelle auftragen und mit einer feuchten Kompresse abdecken. Ein Handtuch darüberlegen und in eine Decke kuscheln, sodass Sie warm und entspannt liegen können. Die Quarkauflage darf ruhig 30–45 Minuten ihre Wirkung entfalten. Durch die feuchte Kompresse trocknet sie nicht aus und lässt sich leicht wieder abnehmen.

Sonnenkosmetik für Aroma-Profis: Lavendel-After-Sun-Smoothie

Auch wenn die Haut nicht gerötet ist, tut eine Pflege nach dem Sonnenbad so richtig gut. Verwöhnen Sie sich und Ihre Haut mit dem »Lavendel-After-Sun-Smoothie«. Das orangefarbige Sanddornfruchtfleischöl aus den Beeren des Sanddorns *(Hippophae rhamnoides)* unterstützt die Regenerationsfähigkeit der Haut, insbesondere nach UV- oder Strahlenbelastung.

25 ml Jojobaöl oder Aprikosenkernöl
25 ml Aloe-vera-Körperöl (Aloe-vera-Extrakt in Canolaöl)
10 Tropfen Sanddornfruchtfleischöl (etwa ½ TL) (Vorsicht, färbt stark!)
5 Tropfen ätherisches Lavendelöl extra (Lavandula officinalis)

außerdem:
1 saubere Glasflasche mit Verschluss (Volumen 50 ml)
Lavendelhydrolat (aqua lavandulae officinalis) *in der Sprühflasche*

- Die Ölmischung in eine saubere Glasflasche geben und kühl aufbewahren.
- Ein wenig davon in die Handfläche geben und einen Sprühstoß Lavendelhydrolat darauf sprühen. Zwischen den Handflächen verreiben und den Smoothie auf die Haut auftragen.

Entzündungshemmend und stärkend bei Entzündungen der Bronchien

Kartoffel-Quark-Lavendelöl-Wickel

Der Kartoffel-Quark-Lavendelöl-Wickel wirkt entzündungshemmend und stärkt die Lunge. Ich verwende ihn nicht während der akuten, fiebrigen Phase schwerer Lungenerkrankungen, sondern beim Abklingen, wenn sich die Erkrankung schwer auflöst, sich hinzieht, und zur Nachbehandlung hartnäckiger Entzündungen der Bronchien. Fragen Sie Ihren Arzt, ob Wickel erlaubt sind.

3 mittelgroße Kartoffeln
2–3 Tropfen ätherisches Lavendelöl extra (Lavandula officinalis)
zimmerwarmer Quark (hochwertige Bioqualität)

- Die Kartoffeln gar kochen, schälen und zerdrücken. Das ätherische Lavendelöl unter den Quark mischen. Die Quark-Öl-Mischung mit den heißen Kartoffeln vermengen. Die Mischung darf noch gut warm, jedoch nicht mehr heiß sein.
- Mischung auf den oberen Brustkorb auftragen. Die Temperatur soll sich angenehm anfühlen. Mit einem Baumwolltuch abdecken. Mit einem Wolltuch umwickeln und mit einem Hemd oder T-Shirt fixieren. Der Wickel kann 1–2 Stunden einwirken. Zum Warmhalten eine Wärmflasche auf die Packung legen. Es soll sich angenehm warm anfühlen.

Lavendel-Brustwickel

Bei Reizhusten ohne Fieber beruhigt diese Auflage die Atemwege.

2–3 Tropfen ätherisches Lavendelöl fein oder extra (Lavandula officinalis)
1 EL Sahne
1 l warmes Wasser

- Das ätherische Lavendelöl mit der Sahne mischen. Die Öl-Sahne-Mischung in das warme Wasser geben. Die Sahne verbindet Wasser und ätherisches Öl. Ein Baumwolltuch in die Ölmischung tauchen. Das getränkte Tuch kurz auswringen und auf den oberen Brustkorb legen. Es sollte angenehm warm sein. Mit einem Wolltuch abdecken und mit einem Hemd oder T-Shirt fixieren.
- Eine Wärmflasche oder ein warmes Kirschkernkissen auflegen, um den Wickel warm zu halten. Die Temperatur sollte angenehm und nicht zu heiß sein. Mindestens 30 Minuten einwirken lassen.

Erste Hilfe mit Lavendel

Bei Ohrenschmerzen
10 ml Johanniskrautöl
10 Tropfen ätherisches Lavendelöl fein *(Lavandula officinalis)*
10 Tropfen ätherisches Cajeputöl *(Melaleuca cajuputi* oder *Melaleuca leucadendra)*

Das Johanniskrautöl und die ätherischen Öle mischen. Die Mischung mehrmals am Tag sanft hinter dem Ohr und am Mastoid (Knochenfortsatz des Schläfenbeins, der hinter dem Ohrläppchen liegt) auftragen. Sie können auch 1 – 2 Tropfen der Mischung auf einem Wattebausch oder auf Heilwolle mehrmals täglich in das Ohr legen. Der Wattebausch darf im Ohr nicht vor Öl triefen. Drücken Sie ihn vorher vorsichtig aus. Die ätherischen Öle sind lipophil, sie durchdringen leicht die Haut und entfalten daher auch bei äußerer Anwendung wunderbar ihre Wirkung! Achtung: Ätherische Öle bitte niemals direkt in den Gehörgang träufeln! Die Einlage niemals tief in den Gehörgang hineindrücken.

Für kleine Wunden
Wundreinigung mit Lavendelhydrolat *(aqua lavandulae officinalis)*, Wunddesinfektion und Anregung der Zellregeneration durch 1 Tropfen ätherisches Lavendelöl fein oder extra *(Lavandula officinalis)* als erste Hilfe unterwegs. Bei stark verschmutzten und größeren Wunden konsultieren Sie bitte einen Arzt.

Bei Verbrennungen
Kleine Verbrennungen auf der Haut, zum Beispiel am Bügeleisen oder am Kochtopf, können Sie mit 1 Tropfen ätherischen Lavendelöl fein *(Lavandula officinalis)* lindern.

Hämatom-Mischung nach Margret Demleitner
(Forum Aromatherapie, Aromapflege, Aromakultur 25/2004, Lavendel Zwo, S. 23)
2 Teile ätherisches Lavendelöl fein oder extra *(Lavandula officinalis)*
1 Teil ätherisches Cistrosenöl *(Cistus landanifer)*
1 Teil ätherisches Immortellenöl *(Helichrysum italicum)*

Die ätherischen Öle mischen. Als höchstens 3-prozentige Mischung in Ringenblumenöl (Mazerat von Ringelblumen in Olivenöl) wird das Hämatom-Öl mehrmals täglich aufgetragen. Ich nehme meist etwas mehr Lavendelöl: zum Beispiel 6 Tropfen Lavendelöl, 2 Tropfen Cistrosenöl und 2 Tropfen Immortellenöl auf 10 ml Ringelblumenöl.

Bild rechts: Impression aus meinem Kräuterspiralgarten

Bei Insektenstichen
1 Tropfen ätherisches Lavendelöl fein *(Lavandula officinalis)* direkt auf den Insektenstich aufgetragen, kann die Entzündung und auch den Juckreiz lindern.

Bei Jetlag
Dann hilft unser Lavendel-Roll-on, aufgetragen im Nacken (siehe Seite 153).

Sturzprophylaxe für Senioren
Aromatisierung des Raums mit Lavendelhydrolat *(aqua lavandulae officinalis)* oder mit ätherischem Lavendelöl fein *(Lavandula officinalis)* im Aromastream oder Aromadiffusor.

Lavendel-Kissenspray für entspannten Schlaf
2–3 Sprühstöße Lavendelhydrolat *(aqua lavandulae officinalis)* direkt vor dem Zubettgehen auf das Kopfkissen oder im Schlafzimmer versprühen.

Das Naturparfum

Das letzte Kapitel in diesem Buch möchte ich einem ganz besonderen Thema widmen, dem natürlichen Parfum. Wohl spätestens mit der Verwendung des Feuers begann die Geschichte der Düfte, denn Kräuter, Hölzer oder Harze geben beim Verbrennen wohlriechende ätherische Öle ab.

Vor etwa 5000 Jahren bei den alten Hochkulturen in Ägypten oder Mesopotamien waren es zunächst Priester und Priesterinnen, die wohlriechende Stoffe räucherten und duftende Salben und Balsame herstellten. Der Begriff »Parfum« leitet sich ab von lateinisch »per fumum«, übersetzt »durch den Rauch«. Das Räuchern von duftenden Stoffen war eng mit Spiritualität verknüpft. Der Duft konnte eine heilige, reinigende und schützende Atmosphäre schaffen. Die Räucherstoffe wurden zu Ehren der Götter verbrannt und der Rauch stieg nach Vorstellung der alten Ägypter bis zu den Göttern auf. Wir kennen das Räuchern von Weihrauch während des Gottesdienstes in der christlichen Tradition. Auch in der Volkstradition wird heute noch in vielen Gegenden während der Raunächte, von Weihnachten bis Heiligdreikönig, traditionell geräuchert.

Neben dem Räuchern hat auch der Umgang mit duftenden Salben und Balsamen lange Tradition. Sie dienten der Einbalsamierung der Toten, dem Schutz vor Krankheiten, aber auch der Heilung von Kranken. Im Grab des Pharaos Tutanchamun soll ein Salbendöschen gefunden worden sein, das nach etwa 3000 Jahren noch den feinen Duft nach Lavendel verströmte. Auch die Bibel nennt zahlreiche Düfte und Wohlgerüche. Darunter ist das Nardenöl, mit dem die Füße und das Haupt Jesu gesalbt wurden. Da Narde auch eine Bezeichnung für Lavendel oder Speik-Lavendel ist, finden wir oft die Aussage, Lavendel sei bereits in der Bibel erwähnt. Doch wahrscheinlich handelte es sich bei dem berühmten Nardenöl, das heute noch manchmal unter dem Namen »Magdalenenöl« erstanden werden kann, zur Zeit Christi eher um den Duft des Stängels eines indischen Baldriangewächses.

Die erotisierende Kraft von Düften ist ein faszinierendes Thema der Duftgeschichte. Der natürliche Duft des Menschen, man könnte ihn auch »Menschenparfum« nennen, ist bestimmend für unsere Partnerwahl. Unsere Nase entscheidet, wer für »ein Leben lang« in Frage kommt und wer nicht. Berühmtheit erlangten zahlreiche »Parfums der Liebe«, wie der Duft, mit dem König Salomon der Königin von Saba das Bett bereitete. Unser Lavendel zählt nicht unbedingt zu den großen Aphrodisiaka unter den ätherischen Ölen. Ein berühmtes Beispiel möchte ich Ihnen jedoch nicht vorenthalten. »Napoleons Lavendelwasser«, eine Mischung, die Bergamotte, Zitrusöl und Lavendel enthielt, war der Duft der Liebe zwischen Napoleon und Josephine.

Eine der berühmtesten Duftgeschichten rund um den Lavendel rankt sich um das Parfum, das heute noch unter dem Namen »4711« bekannt ist. Im Jahr 1792 soll der Kaufmann Wilhelm Mülhens ein ganz besonderes Hochzeitsgeschenk von einem Kartäusermönch erhalten haben: ein Rezept für ein »Aqua mirabilis«, ein Wunderwasser. Als sicher gilt, dass Wilhelm Mülhens seit 1797 in Köln in der Glockengasse 4711 lebte und dort ein erfolgreiches Duft-

Schnupperstunde für feine Nasen

Schnuppern Sie hinein in die Welt der Lavendeldüfte, wie es Parfumeure machen. Wenn Sie Gelegenheit haben, unterschiedliche Lavendelöle und Lavendelhydrolate zu vergleichen, wird es noch spannender: Machen Sie den Test und versuchen Sie, Ihre eigenen Worte zu finden, wie Sie den Duft erleben. Die Beschreibung eines Duftes ist eine Wissenschaft und Kunst, sie will trainiert sein.

- Geben Sie 1 Tropfen ätherisches Öl oder Hydrolat auf einen Parfum-Teststreifen aus Papier (zum Beispiel zurechtgeschnittener weißer Zeichenkarton).
- Wedeln Sie den Duftstreifen ein paar Mal in der Luft. Riechen Sie kurz daran.
- Nehmen Sie den ersten Eindruck wahr.
- Schnüffeln Sie noch einmal intensiv an Ihrem Duftstreifen.
- Es kann sein, dass Sie nun die feineren Nuancen besser wahrnehmen.
- Versuchen Sie, Ihre Wahrnehmung in Worte zu fassen.

Ein Parfumeur hat eine sehr gute Nase und riecht die feinen Nuancen heraus. Da es am Anfang gar nicht so leicht ist, die eigene Wahrnehmung in Worte zu fassen, gebe ich Ihnen ein paar Anregungen, mit welchen Worten das eine oder andere Lavendelöl von Parfumeuren oft beschrieben wird: blumig, grasig, grün, nach Heu und Stroh, pilzig, mit einem Hauch von Roquefort, warm, frisch, reich, fein, kampferartig, mit einer Cumarinnote.

Vergleichen Sie Ihre Düfte. Sie werden feststellen: Jedes Lavendelöl oder Lavendelhydrolat riecht etwas anders. Jeder Duft ist einzigartig und erzählt uns die Geschichte des Lebens der verwendeten Pflanzen, eine Geschichte vom Standort, von der Erde, von Sonne, Licht und Schatten, von Trockenheit und Regen, von Hitze, Kälte und Wind, aber auch eine Geschichte vom Zeitpunkt der Ernte, von der Art der Destillation, der Reifezeit und Lagerung des Destillats. Meine innovativen Duftmischungen (siehe folgende Seiten) habe ich rund um Lavendel und Rose aufgebaut. Beide sind auch in der Welt der Parfums und Düfte ein hervorragendes Team.

wasser produzierte, das als entspannend und nervenstärkend galt. Es enthielt unter anderem Lavendel, aber auch Bergamotte, Zitrone, Orange, Neroli und Rosmarin. Als Napoleon ein Gesetz erließ, wonach die Rezepturen für alle Wunderwässer offengelegt werden mussten, entschloss sich Wilhelm Mülhens, seine Rezeptur als Parfum zu verkaufen. Die genaue Zubereitung ist bis zum heutigen Tag ein Familiengeheimnis des Hauses 4711. (Das erste Eau de Cologne entwickelte 1709 der italienische Parfumeur Johann Maria Farina in Köln. Sein »Kölnisch Wasser« enthielt die Düfte seiner Heimat Italien. Im Kölner Stammhaus der Familie Farina befindet sich heute ein sehenswertes Duftmuseum.)

Ende des 19. Jahrhunderts trat die Parfumindustrie endgültig ihren Siegeszug an. Lavendel ist seitdem Bestandteil zahlreicher erfolgreicher Duftkreationen berühmter Parfumeure, vor allem in Herrennoten, aber auch für Damen.

Sanfte Kraft: Naturparfum für Herz und Seele

Lavendelhydrolat *(aqua lavandulae officinalis)* ist für sich genommen ein wunderbares Duftspray. Sie können es als Kissenspray verwenden, für einen angenehmen Schlaf oder als sanftes Raumspray zur Entspannung. Einige Hydrolate können wir auch als zartes Naturparfum bezeichnen. Allen voran ist hier das reine Rosenhydrolat *(aqua rosae)* zu nennen, das mehrmals am Tag auf die Haut der Pulsregion aufgesprüht werden kann. Es enthält keinen Alkohol, ist Naturparfum und sanfte Gesundheitspflege zugleich und besonders hautverträglich. Dieses Rosenwasser ist eine hervorragende Basis für Mischungen mit anderen Hydrolaten oder für komplexere Parfums mit Hydrolaten und ätherischen Ölen.

Das Naturparfum »Für Herz und Seele« ist ein besonders zarter und sehr feiner Duft. Er verbindet die sanfte Entspannung des Lavendels mit der liebevollen Harmonie der Rose und der Seelensonne der Orangenblüte. Ich gebe gerne 1–2 Sprühstöße auf die Pulsregion des Handgelenks.

30 ml Lavendelhydrolat (aqua lavandulae officinalis)
15 ml Rosenhydrolat (aqua rosae)
3 ml Orangenblütenhydrolat (aqua citrus aurantium subspecies amara)

außerdem:
1 sauberer Glasflakon aus blauem Glas mit Sprühkopf

- Die Hydrolate in die sterile Flasche füllen.
- Dieses Naturparfum enthält keinen Alkohol. Die Haltbarkeit ist begrenzt und eine kühle und dunkle Lagerung ein Muss. Reine Hydrolatmischungen verlieren rasch ihren Duft auf der Haut. Am Handgelenk auf der Pulsregion aufgesprüht, entfalten sie ihre entspannende, harmonisierende und angstlösende Wirkung über den Kontakt mit der Haut.

Herz und Seele verbinden: Naturparfum Lavendel-Rose pur

In dieser klaren Mischung sind die ätherischen Öle und Hydrolate von Lavendel und Rose vereint. Die entspannenden Kräfte des Lavendels verbinden sich mit der Harmonie der Herzenspflanze Rose. »Lavendel-Rose pur« ist eine besonders verträgliche Mischung, die auch für sensible Menschen gut geeignet ist.

5 Tropfen ätherisches Rosenöl (Rosa damascena)
5 Tropfen ätherisches Lavendelöl extra (Lavandula officinalis)
3 ml Weingeist (unvergällt, 96-prozentig, aus der Apotheke)
20 ml Rosenhydrolat (aqua rosae)
10 ml Lavendelhydrolat (aqua lavandulae officinalis)

außerdem:
1 sauberer Glasflakon aus blauem Glas mit Schraubverschluss und Sprühkopf

- In der Glasflasche die ätherischen Öle mit dem Alkohol kräftig verschütteln, mit den Hydrolaten auffüllen und nochmals schütteln. Das Parfum 2 Wochen reifen lassen. Es ist sehr spannend, während dieser Reifezeit immer wieder einmal am Parfum zu schnuppern und die Duftentwicklung mitzuerleben. Wenn das Parfum fertig ist und zu Ihrer Zufriedenheit duftet, setzen Sie anstatt des Schraubverschlusses einen Pumpzerstäuber fest auf die Flasche. Das Parfum vor jeder Anwendung kurz schütteln und einen Sprühstoß auf der Pulsregion an beiden Handgelenken auftragen. Die Mischung entfaltet auf der Haut ihre entspannende und harmonisierende Wirkung.

Mutig den eigenen Weg gehen: Parfum Löwenherz

Unser Parfum »Löwenherz« ist ganz klassisch aufgebaut mit einer Kopfnote, einer Herznote und einer Basisnote unter den ätherischen Ölen. Die Grundlage ist das Naturparfum »Für Herz und Seele« aus Hydrolaten. Das Sandelholz bildet den harmonischen Unterton. Es entsteht eine kraftvolle Mischung, die uns darin unterstützt, unseren Weg mutig weiterzugehen, eingehüllt von den wärmenden Strahlen des Sommers.

3 Tropfen Fragrance Orange (Kopfnote, siehe Tipp)
5 Tropfen ätherisches Rosenöl (Rosa damascena) *(Herznote)*
5 Tropfen ätherisches Lavendelöl extra (Lavandula officinalis) *(Herznote)*
2 Tropfen ätherisches Sandelholzöl (Santalum album) *(Basisnote)*
3 ml Weingeist (unvergällt, 96-prozentig, aus der Apotheke)
30 ml Naturparfum »Für Herz und Seele« (siehe nebenstehend)

außerdem:
1 sauberer Glasflakon aus blauem Glas mit Schraubverschluss und Sprühkopf

- In der Glasflasche die ätherischen Öle in dem Alkohol kräftig verschütteln, mit dem Naturparfum »Für Herz und Seele« (Hydrolatmischung) auffüllen und nochmals schütteln. Das Parfum 2 Wochen reifen lassen. Den Sprühkopf fest aufsetzen.
- Das Parfum vor jeder Anwendung schütteln und auf der Pulsregion am Handgelenk aufsprühen. Weniger ist mehr. Die Mischung hat auch niedrig dosiert eine kraftvolle Wirkung.

Tipp Fragrance Orange ist eine fertig erhältliche unverdünnte Mischung aus drei ätherischen Ölen der Bitterorange: Neroli (aus den Blüten), Petitgrain (aus Blättern, Zweigen, Fruchtansätzen) und Fruchtschalenöl.

Von Menschen, Düften und Pflanzen

Mit allen Sinnen leben

Mit meinem Buch möchte ich Sie einladen, mit allen Sinnen zu leben.

Vielleicht haben Sie mittlerweile den Duft des Lavendels für sich erforscht. Vielleicht haben Sie sein Lila für Ihren Balkon oder Garten und für die Entspannung Ihrer Seele neu entdeckt. Oder Sie haben den Geschmack des Lavendels in einem Kochrezept genossen. Vielleicht hat die Vielfalt Sie besonders angesprochen, mit der eine Pflanze Wegbegleiter für uns Menschen sein kann: als gestalterisches Element im Garten oder als Treffpunkt für das ganze Dorf, als Symbol für unseren Lebenslauf, wie wir es im Lavendel-Labyrinth von Kastellaun kennengelernt haben. Vielleicht konnten Sie die wohltuende Kraft des Lavendels für Ihre Entspannung, die pflegende Kraft des Hydrolats oder die heilenden Eigenschaften des ätherischen Öls erfahren. Vielleicht hat Ihnen auch die eine oder andere Geschichte ein wenig vom Zauber und von der Magie unserer »violetten Blume« erzählt.

Das Wesen der Pflanze

In unserer schnelllebigen Zeit wollen wir oft möglichst viel erfahren, viel ganz schnell lernen, viele Heilpflanzen und eine Fülle an Rezepten und Rezeptmischungen kennenlernen. Am besten in einem einzigen Vortrag oder gerade noch in einem Tagesseminar oder Wochenendseminar. Das Wissen bleibt dabei dennoch oft nur an der Oberfläche. Wie kann das sein? Haben Sie schon einmal darüber nachgedacht, wie es wäre, wenigstens eine Pflanze genau zu kennen?

Als meine hawaiianische Lehrerin in Findhorn vor sieben Jahren erzählte, dass ich mich eine ganze Woche lang mit einer Pflanze beschäftigen sollte, erschien mir das eine außerordentliche Geduldsprobe zu sein. Ich hatte doch so viele Fragen zu so vielen Pflanzen. Als sie berichtete, dass sich die Schüler der Heilpflanzenkunde in Hawaii traditionell ein ganzes

Bilder links: Aromagarten Erlangen: Im Frühjahr öffnen die Schlüsselblumen die Erde zwischen den Lavendelpflanzen, im Sommer verwandelt sich der Garten in ein buntes Duft- und Blütenmeer, im Herbst bildet das Gold der Herbstfärbung einen wunderbaren Kontrast zum Silber von Lavendel, Salbei oder Wermut. Lavendel ist ein Wegbegleiter durch das Gartenjahr und ein Pflanzenfreund für das gesamte Leben, angefangen mit dem Frühling des Lebens, der Geburt, bis in den späten Herbst des Lebens, das hohe Alter.

Jahr mit einer Pflanze befassen, erschien mir das unvorstellbar. Heute sehe ich das anders. In den vielen Seminaren, die ich in meinem Leben bisher besucht habe, hat mir nichts so viel Verständnis um das Zusammenspiel in der Natur und die Facetten der Heilkraft einer Pflanze geschenkt, wie die Auseinandersetzung mit einer einzigen Pflanze. Wenn wir ein wenig Geduld aufbringen, wenn wir es uns erlauben, mit allen Sinnen zu erfahren, zu riechen, zu schmecken, zu sehen und zu fühlen, wenn wir Verstand und Herz in Einklang bringen und als gleichwertige Partner sehen, erhalten wir ein großes Geschenk: das Verständnis vom Wesen einer Pflanze. Wir entdecken es, wenn wir uns mit ihr beschäftigen und sie mit allen Sinnen erforschen. Wir beobachten sie im Laufe der Jahreszeiten, wir entdecken sie an ihren Standorten in Gärten und an ihrem Wildstandort. Wir lernen, dass es genauso wertvoll oder noch wertvoller sein kann, vierzig Zubereitungen einer einzigen Pflanzenart verstanden zu haben, wie eine Fülle an Pflanzen zu kennen. Jede Zubereitung hat ihren eigenen Wirkungskreis, löst andere Stoffe heraus, hat andere Eigenschaften. Nur wenn wir das Wesen der unterschiedlichen Zubereitungsarten tief verstanden haben, spüren wir die Unterschiede. Sie sind nicht untereinander austauschbar.

Nicht alles können wir aus Büchern oder aus dem Internet lernen. Mit meinem Buch möchte ich daher nur Anregungen geben. Ich möchte Sie ermuntern, selbst Erfahrungen zu sammeln. Gerade Heilanwendungen oder die Durchführung einer Destillation können oft nur in Seminaren und in praktischer Anschauung weitergegeben werden. Es ist dabei wichtig, verstandesmäßig zu wissen, aber auch zu sehen, zu riechen und zu fühlen. Und es ist wichtig, nachfragen zu können. Wissen vermitteln und Wahrnehmung trainieren gehen dabei Hand in Hand.

Die Reise zu uns selbst

Welche Pflanze ist eigentlich Ihre Lieblingspflanze? Ich möchte Sie ermuntern: Begeben Sie sich auf Ihre eigene Forschungsreise. Entdecken Sie neue Facetten Ihres persönlichen Pflanzengefährten. Ich bin sicher: Erste Schritte sind Sie bereits gegangen. Vertrauen Sie Ihrer inneren Führung. Erlauben Sie sich neue Erfahrungen und neue Begegnungen, die Ihre Herzenspflanze für Sie schafft. Letztendlich machen wir uns mit dieser Reise auf den Weg zu uns selbst. Wir erinnern uns mehr und mehr, welch großartige Helfer und Wegbegleiter wir in unserer Pflanzenwelt haben. In uns entsteht ein tiefes Verständnis für unsere Einbindung in das Netzwerk des Lebens. Wir spüren den tiefen Wunsch, ein guter Verwalter für die Natur zu sein und auf diese Weise die Lebensgrundlage für uns Menschen zu erhalten. Wir begegnen auf diesem Weg vielen Mitstreitern und Mitstreiterinnen, Seelenverwandten, die unsere Liebe und unsere Wertschätzung teilen.

Danke!

Ich kann Ihnen sagen: Es lohnt sich! In den vielen Jahren mit meiner Herzenspflanze Lavendel durfte ich wunderbaren Menschen begegnen. Ich danke allen für das offene Gespräch, für den Gedankenaustausch und auch für das Wissen, das sie mit mir geteilt haben. Im Austausch habe ich viele Anregungen für meinen eigenen Weg erhalten. Ich danke allen, die mir bei den Herausforderungen meines Lebens Mut gemacht und mich darin unterstützt haben, meinen Weg unbeirrt weiterzugehen. Besonders hervorheben möchte ich meinen Mann Thomas Puchtler und meine Freundin Carmen Hübner. Euer Feedback war mir ein wichtiger Wegweiser. Mein Dankeschön gilt auch allen Lesern und Leserinnen, die gemeinsam mit mir in das Reich des Lavendels gereist sind und meine Leidenschaft zur »blauen Blume« teilen. Insbesondere gilt mein Dankeschön dem pala-verlag, der mein Buchprojekt so wohlwollend begleitet und mir die Veröffentlichung meiner Gedanken und Erfahrungen ermöglicht hat.

Ich blicke zurück auf eine bunte Zeit mit einer Vielfalt an persönlichen Begegnungen und Erlebnissen, die ich nicht missen möchte. Ich freue mich darauf, mit Ihnen gemeinsam auch in Zukunft noch spannende Kräutererfahrungen zu teilen.

Ich wünsche Ihnen viel Freude in und mit der Natur, beim Erzählen und beim Zuhören von Geschichten, beim gemeinsamen Kochen und Essen und beim Genießen und Erfahren Ihrer selbst gemachten Pflanzenrezepturen.

... und wer weiß: Vielleicht begegnen wir uns einmal wieder auf einer neuen Pflanzenreise in die Welt der Düfte.

Lavendelduftende Grüße,

Ihre Elke Puchtler

Die Autorin

Die promovierte Biologin und Heilpraktikerin Dr. rer. nat. Elke Puchtler engagiert sich seit vielen Jahren für die Gesunderhaltung von Mensch und Natur. Die Begeisterung für das heilende Potential von Gärten, für das Kochen und Genießen mit Freunden und für die heilende Kraft der Aromapflanzen gibt sie in ihren Kräutergeschichten, Gartenführungen, Vorträgen und Seminaren weiter. Die Heilpflanzenkunde bildet auch den Mittelpunkt ihrer Naturheilpraxis. Bei ihren Führungen durch den Aromagarten Erlangen können Sie die Autorin hautnah erleben.

Mehr Information: www.elke-puchtler.de

Bilder links: Nach meinem Besuch in Findhorn 2010 ist an meinem Geburtstag die Kräuterspirale als Zentrum meines privaten Naturgartens entstanden. Es ist ein Lebensraum für Pflanzen und Tiere. Die Heilpflanzen in der Kräuterspirale haben für mich eine besondere Kraft.

Anhang

Literatur zum Weiterlesen

Literatur historisch

- Riha, Ortrun, Abtei St. Hildegard (Hrsg.):
  Heilsame Schöpfung – die natürliche Wirkkraft der Natur. Physica.
  Hildegard von Bingen Werke Band 5. Beuroner Kunstverlag 2012
- Dioscurides, Pedanios: **De materia medica.** 1. Jh.
- Hieronymus, Brunschwig: **Liber de arte distillandi de Simplicibus.**
  Das buch der rechten kunst zü distilieren die einzigen ding (Kleines Destillierbuch). 1500
- Kneipp, Sebastian: **Meine Wasserkur. So sollt ihr leben.**
  Trias Verlag 2010 (erstmals erschienen: 1886: Meine Wasserkur; 1898: So sollt ihr leben)
- Puff, Michael: **Büchlein von den ausgebrannten Wässern.** 1477

Literatur modern

- Belgiorno, Maria Rosaria: **The Perfume of Cyprus.**
  From Pyrgos to François Coty the route of a legendary charm. Antonio De Strobel 2017
- Bühring, Ursel, Ell-Beiser, Helga & Michaela Girsch:
  Heilpflanzen in der Kinderheilkunde. Das Praxis-Lehrbuch. Karl F. Haug Verlag 2012
- Bühring, Ursel: **Alles über Heilpflanzen.** erkennen, anwenden und gesund bleiben.
  Verlag Eugen Ulmer 2014
- Bühring, Ursel: **Praxis-Lehrbuch der modernen Heilpflanzenkunde.**
  Grundlagen, Anwendung, Therapie. Sonntag Verlag 2004
- Davis, Patricia: **Aromatherapie von A– Z.** Knaur Verlag 1990
- Fischer-Rizzi, Susanne: **Das große Buch der Pflanzenwässer.**
  Pflegen, heilen, gesund bleiben mit Hydrolaten. AT Verlag 2014
- Forum Essenzia e. V. (Hrsg.): **Lavendel.**
  Forum Aromatherapie, Aromapflege, Aromakultur 9/1996
- Forum Essenzia e. V. (Hrsg.): **Lavendel Zwo.**
  Forum Aromatherapie, Aromapflege, Aromakultur 25/2004
- Hatt, Hanns & Regine Dee: **Niemand riecht so gut wie Du.**
  Die geheimen Botschaften der Düfte. Piper Verlag 2009
- Kleindienst-John, Ingrid: **Hydrolate.**
  Sanfte Heilkräfte aus Pflanzenwasser. Freya Verlag 2018

- NHV Theophrastus (Hrsg.): **Lavendel.** Heilpflanze des Jahres 2008. Broschüre 2008
- Simonet-Avril, Anne: **Lavendel.** Der Duft des Südens. Hädecke Verlag 2005
- Veit, Myriam: **Heilkosmetik aus der Natur.** Pflegende Salben, Öle und Essenzen selber machen. Kosmos Verlag 2016
- Wabner, Dietrich & Christian Beier (Hrsg.): **Aromatherapie.** Grundlagen, Wirkprinzipien, Praxis. Urban & Fischer Verlag 2012
- Wabner, Dietrich & Stefan Theierl: **Klinikhandbuch Aromatherapie.** Pflege, Therapie, Prävention. Verlag Systemische Medizin 2017
- Wabner, Dietrich: **Taschenlexikon der Aromatherapie.** Die etherischen Öle, Hydrolate und Trägeröle. Verlag Systemische Medizin 2013
- Werlich, Anja: **Buckelapotheker in Thüringen.** Hain-Verlag 2001
- Zimmermann, Eliane: **Aromatherapie für Pflege- und Heilberufe.** Das Kursbuch zur Aromapraxis. Sonntag Verlag 2006
- Zimmermann, Eliane: **Hydrolate.** Pflanzenwässer – die vergessene Dimension der Aromatherapie und Aromapflege. Aromapflege GmbH

Filme und Ausstellungen

- **Opus mulierum.** Die vergessen Kunst der Frauen
  Wanderausstellung: Die Ausstellung stellt Frauen aus vier Jahrtausenden vor, die in den Bereichen Alchemie, Heilkunde, Kosmetik und Parfumherstellung wirkten.
  www.susanne-fischer-rizzi.de/284/opus
- **Die Welt der Düfte.** Der echte Lavendel der Provence
  Film / arte
- **Rettet den Lavendel**
  Film / arte

Weitere Informationen

- **Forschergruppe Klostermedizin GmbH**
  Projekt des Instituts für Geschichte der Medizin an der Universität Würzburg
  Geschichte der Klostermedizin, Erforschung der Arzneipflanzen
  www.klostermedizin.de
- **Aroma Forum International e. V.**
  Obere Dorfstraße 14
  88145 Opfenbach
  www.aroma-forum-international.de
- **Ilona Munique und Reinhold Burger, Bamberger Schulbiene**
  www.bienen-leben-in-bamberg.de/bamberger-schulbiene

Rezeptverzeichnis

Kochen und Backen

Tee

Wohlbefinden

Adressen

Stationen meiner Lavendelreisen

Mein Dank geht an alle, die mich durch ihr Interview und ihre Erlaubnis zum Fotografieren bei der Entstehung meines Buches unterstützt haben.

Frankreich

Nathalie Portaz, Florence Huvet
L'âme des simples
Les Tourettes
26150 Vachères en Quint
www.amedessimples.gandi-sitemaker.net
Bio-Aromafarm, Hydrolate,
Gemmotherapie, Anthroposophie

Serge Saussac, Ferme de Saussac
26170 Montauban sur l'Ouvèze
www.fermedesaussac.fr
Bio-Aromafarm, Hydrolate

Claire Montésinos, Etienne Fournier
Solaure
Quartier La Louine
26310 Barnave
www.solaure.fr
Bio-Aromafarm, ätherische Öle,
Hydrolate, Kosmetik

Carole Roux
Ferme du Bloudon
Ferme de la Combe
26470 La Motte Chalancon
Bio-Aromafarm, ätherische Öle

Remy Laborde
26470 Volvent
Wildlavendel, ätherische Öle, Hydrolate

Niederlande und Deutschland

Kwerkerij Roger Bastin
Nieuwenhuysstraat 29
6336 XV Aalbeek (Hulsberg, Nuth)
Limburg, Niederlande
www.bastin.nl
Biobetrieb, Duftpflanzen, Lavendel

ARIES Umweltprodukte GmbH & Co. KG
Stapeler Kräuterfeld
Klaus-Dieter Szczesny, Anna Szczesny
Stapeler Dorfstraße 23
27367 Horstedt
www.aries.de / www.stapeler-kräuterfeld.de
Imkertabak, Lavendelsäckchen,
Umweltprodukte

TAOASIS GmbH
Natur Duft Manufaktur
Dahlbrede 3
32758 Detmold
www.taoasis.com
Bio-Lavendelöl, ätherische Öle

Lavendelfelder in der Stadt & Verbandgemeinde Konz
54329 Konz
www.konz.eu
Projekt: Lavendelfelder in der VG Konz mit Machbarkeitsstudien zum Herunterladen

Lavendel-Labyrinth Kastellaun
Christa Wendling
Am Sulzmühler Weg
56288 Kastellaun
www.lavendel-labyrinth.de

Lehmer Razejunge
Dieter Möhring
56332 Lehmen
www.lehmer-razejunge.de
Projekt: Lavendel- und Naturkräuterfelsterrassen

Maienfelser Naturkosmetik Manufaktur
Hans-Peter Lindenmann
Brettacher Straße 5
71543 Maienfels
www.maienfelser-naturkosmetik.de
Duftmanufaktur, Hydrolate, ätherische Öle

Aromagarten der Friedrich-Alexander-Universität Erlangen-Nürnberg
Palmsanlage
91054 Erlangen
www.botanischer-garten.uni-erlangen.de
9000 m² großer Aromagarten mit über 100 Arten an Aromapflanzen, freier Eintritt, Führungen auf Anfrage

Mussärol – Bamberger Kräutergärtnerei
Gertrud Leumer
Nürnberger Straße 86
96050 Bamberg
www.biokraeuter.info
Biobetrieb, Kräuter, Süßholz, Lavendel

Thüringer Kräutergarten/Olitätenland e. V.
Heinz Liebermann, Karin Franke
Myliusstraße 7 (Alte Apotheke)
98701 Großbreitenbach
www.thueringer-olitaetenland.de

Rose Saatzucht Erfurt
Annegret Rose
Im Geströdig 9
99092 Erfurt
www.rose-saatzucht.de
Astern, Pfingstrosen, alte Färberpflanzen

Bezugsquellen

Aroma-Bedarf

Aroma-Zentrum ASOMI
www.aroma-zentrum.de
ätherische Öle, Hydrolate, kosmetische Rohstoffe, Behälter, Dosen, Parfum-Sticks, Roll-on

Arte Verde Duftmanufaktur (Österreich)
www.arteverde.at
Naturdüfte, Aromapflege

Bahnhof-Apotheke Kempten
www.bahnhof-apotheke.de
Aromamischungen

Farfalla Essentials AG (Schweiz)
www.farfalla.ch
ätherische Öle, Hydrolate, Naturkosmetik, Biokosmetik

feeling Handelsgesellschaft mbH (Österreich)
www.feeling.at
ätherische Öle, Hydrolate, Naturkosmetik, Behälter, Dosen, Parfum-Sticks, Roll-on

Inhalierstife-Shop
Duft-Studio Sabine Nachbauer
www.inhalierstifte.com

Maienfelser Naturkosmetik Manufaktur
www.maienfelser-naturkosmetik.de
ätherische Öle, Hydrolate, Naturkosmetik

Naowa
Naturkosmetik und Duftmanufaktur
www.naowa.de
ätherische Öle, Hydrolate, Naturkosmetik, Roll-on, Parfum-Zerstäuber, Behälter, Dosen

Neumond – Düfte der Natur GmbH
www.neumond.de
ätherische Öle, Hydrolate, Naturkosmetik

Primavera Life GmbH
www.primaveralife.com
ätherische Öle, Hydrolate, Naturkosmetik, kosmetisches Zubehör

Oshadhi Deutschland – Ayus GmbH
www.oshadhi.de
ätherische Öle, Hydrolate, Pflanzenöle, Mazerate, kosmetisches Zubehör

TAOASIS GmbH
Natur Duft Manufaktur
www.taoasis.com
ätherische Öle, Naturkosmetik

WADI GmbH
Etherische Öle von Prof. Wabner
www.etherischeoele.de
Aromatherapie, Aromapflege, Aromakultur, Rosenölprodukte, ätherische Öle, Hydrolate, kosmetisches Zubehör

Ausgewählte Gärtnereien

Kräuter- und Wildpflanzengärtnerei Strickler
Lochgasse 1
55232 Alzey-Heimersheim
www.gaertnerei-strickler.de

Syringa Duftpflanzen und Kräuter
Untere Gräben
78247 Binningen
www.syringa-pflanzen.de

Hof Berg-Garten
Lindenweg 17
79737 Herrischried
www.hof-berggarten.de

Bio Gärtnerei Christian Herb
Heiligkreuzerstraße 70
87439 Kempten
www.bio-kraeuter.de

Staudengärtnerei Gaißmayer
Jungviehweide 3
89257 Illertissen
www.gaissmayer.de

Duftkräuter, Rosen, Heilpflanzen

Christina Mann:
Kraftsträuße
ISBN: 978-3-89566-354-3

Christina Mann, Friedhelm Strickler:
Aus dem Reich der wilden Kräuter
ISBN: 978-3-89566-316-1

Irmela Erckenbrecht:
Duftoase Kräuterspirale
ISBN: 978-3-89566-344-4

Irmela Erckenbrecht:
Die Kräuterspirale
ISBN: 978-3-89566-290-4

ANDERE BÜCHER AUS DEM PALA-VERLAG

Brigitte Kleinod, Friedhelm Strickler:
Schön wild!
ISBN: 978-3-89566-367-3

Uwe Westphal:
Das große Buch der Gartenvögel
ISBN: 978-3-89566-375-8

Jutta Grimm:
Magisch fix
ISBN: 978-3-89566-373-4

Peter Wohlleben:
Bäume verstehen
ISBN: 978-3-89566-365-9

Gesamtverzeichnis bei:
pala-verlag, Rheinstraße 35, 64283 Darmstadt, www.pala-verlag.de

ISBN: 978-3-89566-377-2

Rheinstraße 35, 64283 Darmstadt
www.pala-verlag.de

Bildnachweis:
alle Fotos (auch Buchumschlag): Elke Puchtler

Tipp-Symbol: Margret Schneevoigt

Lektorat: Angelika Eckstein

Druck und Bindung: BELTZ Bad Langensalza GmbH
www.beltz-grafische-betriebe.de
Printed in Germany

Gedruckt auf
100% Recyclingpapier